Die kreative Zukunft

Ein quantenphilosophischer Traktat

Die kreative Zukunft

Ein quantenphilosophischer Traktat

Christoph Heiß

freigeist

Freigeist Verlag, Berlin

www.freigeist-verlag.net

Lektorat: Felix Miericke

Satz: Hannes Schumacher

ISBN: 978-3-9816351-6-4

Inhalt

Die Welt ist nicht nur alles, was der Fall ist,
sondern auch alles, was der Fall sein kann.

(Anton Zeilinger)

1. Spukhafte Rückkehr

Was mich leitet, ist die Überzeugung, dass der Geist nicht bloß ein nachträglicher Einfall oder ein Zufall oder eine Zusatzausstattung ist, sondern ein grundlegender Aspekt der Natur. (Thomas Nagel)

Wenn man die großen physikalischen Theorien des 20. Jahrhunderts naturphilosophisch betrachtet (die Relativitätstheorie und die noch fundamentalere Quantentheorie), weisen beide über ihren wissenschaftlichen Kern hinaus auf die Notwendigkeit einer Neubewertung des Geistigen in der Natur hin. Insbesondere die Quantentheorie lässt keinen vernünftigen Zweifel daran, dass es einen *immateriellen* Hintergrund unserer materiellen und veränderlichen (weil der Zeit unterworfenen) Wirklichkeit gibt, d.h. ein *geistiges Jenseits der Raumzeit*.

Aber auch spezielle und allgemeine Relativitätstheorie deuten bereits in ihren Namen an, dass nicht harte, dingliche *Realität* das Prinzip der Wirklichkeit ist. *Relativität* als Struktur sind fließende Beziehungen, die weder Anfang noch Ende haben und worin alles ineinander überführt werden kann (nicht nur Raum und Zeit, Materie und Energie).

Daher erscheint es allmählich verwunderlich, dass seit 100 Jahren kein Ende des *mechanistisch-materialistischen Konsenses* in den Naturwissenschaften auszumachen ist. Zu erwarten wäre eigentlich ein *Paradigmenwechsel* (vgl. *Thomas Kuhn*), eine wissenschaftliche Revolution, bzw. Konterrevolution, entgegengesetzt derjenigen vor 500 Jahren, die durch die Entdeckungen von *Galilei*, *Kopernikus* und *Kepler* ausgelöst wurde und den *Geist* (damals *Gott*) für Jahrhunderte – bis heute – aus der Wissenschaft verbannte.

Bei derart komplexen physikalischen Theorien, von denen jede zwar inzwischen hervorragend experimentell bestätigt ist, die aber miteinander nicht kompatibel sind, bildet sich die Notwendigkeit allgemeinen Umdenkens freilich nur langsam und unscharf ab. Zwar lässt sich auch ohne Berücksichtigung der neuen Physik schon erahnen, dass das heutige Dogma, nämlich die Reduktion der gesamten Naturordnung einschließlich des menschlichen Geistes auf materielle Ursachen, nicht die ganze Wahrheit sein kann (vgl. *Thomas Nagel*). Ein Ersatz für dieses positivistisch-materialistische Dogma steht aber keineswegs so einleuchtend am Himmel wie damals derjenige für die mittelalterliche Scholastik, als sich durch die gerade erfundenen Fernrohre die schnörkellosen Planetenbahnen des heliozentrischen Weltbildes offenbarten. Mit ihnen erschien das orthodoxe, geozentrische Modell inklusive seiner kirchlichen Glaubenshüter – und *Glaube* gleich mit – als widerlegt.

Der göttliche Geist könnte damals aber zu früh mit hinein ins Grab des zweifellos falschen physikalischen Dogmas gelegt worden sein und mit den aktuellen, wissenschaftlich gesicherten Theorien samt ihren Aporien und Paradoxien, die sie unserem Alltagsverstand und den Naturgesetzen zumuten, eine »spukhafte« (*Albert Einstein*) Wiederauferstehung feiern.

Ein Diskurs über eine geistige Natur des Universums ist bei der aktuellen Fülle klassisch-physikalischer Forschung in Kosmologie und Teilchenphysik zwar noch nicht salonfähig, aber Hinweise mehren sich inzwischen, dass tatsächlich *Information* der Grundbaustein der Wirklichkeit sein könnte. Jedenfalls ist es *nicht* Materie: Die Quantenphysik zeigt, dass Materie nicht aus Materie besteht.

Es sieht so aus, als habe sich die klassische physikalische Wissenschaft seit der Formulierung der Quantentheorie zur Rettung ihres reduktionistisch-materialistischen Konzeptes erneut in der Konstruktion von *Epizykeln* verstrickt (vgl. *Alexander Unzicker*), anstatt einzusehen, dass sie die Wirklichkeit nur einigermaßen *berechnen* kann, nicht aber erklären, *was* sie da berechnet. Was *ist* denn die Wirklichkeit?

Um das herauszufinden, bedarf es nun neben der Quantenphysik doch wieder der *Meta*physik, weil die Quantenphysik zwar ein völlig anderes Bild der Wirklichkeit ergibt als die alte Physik *Newtons*, ihre Theorie mit herkömmlicher Logik und klassisch-naturwissenschaftlichem Denken aber letztlich nicht verständlich ist.

Metaphysik ist notwendig, weil die Inkommensurabilität (Nicht-Vergleichbarkeit) zwischen altem und neuem Denken, zwischen dem gewohnten »lokalen Realismus« und einem nun neu erforderlichen »strukturellen Holismus« überbrückt werden muss.

Die beiden konträren Denkweisen sollen daher im Folgenden in metaphysische (Hypo-)Thesen übersetzt werden, um vergleichbar zu sein. Schon die Quantenpioniere *Heisenberg* und *Bohr* stellten fest, dass sie ihre neue Physik mit den Begriffen des alten Denkens beschreiben *mussten* (weil es keine anderen gab und gibt), was aber zu Paradoxien führt.

Ein zentrales Paradoxon ergibt sich zwischen dem geistigen Hintergrund des Universums, seiner *Möglichkeit*, die *zeitlos* und damit *unveränderlich* sein muss, und den wahrnehmbaren *Veränderungen und Bewegungen* in der *Wirklichkeit*. Das Paradoxon löst sich aber auf, wenn man *unveränderlich* nicht mit starr oder *statisch* gleichsetzt, wie das unter gewohnt lokal-realistischen Prämissen üblich ist, sondern mit *zeitlos veränderlich* oder eben mit »*möglich*«. Es ist nicht eine starre, bewegungslose *Wirklichkeit,* sondern zeitlose – und durchaus kreative – *Möglichkeit*: etwas, das immer »in der Luft hängt«. *Statik* ist ein Begriff aus der dekohärenten, raumzeitlichen Sprache der Wirklichkeit, die wir als einzige gewohnt sind. Statik bedeutet Bewegungslosigkeit *innerhalb der Zeit*. Der geistige Hintergrund des Universums ist aber *außerhalb* der Raumzeit. Wenn wir *das Ganze* verstehen und beschreiben wollen, müssen wir Denken und Sprache in einem holistischen Sinne revolutionieren.

Obwohl Relativitäts- und [illegible]entheorie oft bahnbrechend genannt we[illegible], haben sie also bis heute keine Bahn in das [illegible]ohnte Alltagsdenken gebrochen. Das lok[illegible]listische Denken bestimmt alle Lebensbere[illegible] weiter, weil die Welt der Theorien zu abstra[illegible]d kompliziert ist.

Schon [illegible] Relativitätstheorie beschreibt eine fremd ersc[illegible]ende Naturordnung, die unserer täglichen Erf[illegible]ungswelt zu widersprechen und für das tägli[illegible] Leben irrelevant zu sein scheint (man denke etwa an die Relativität von Raum und Zeit oder die Raumzeitkrümmung, die beide unter den Bedingungen des irdischen Daseins nicht *wahrnehmbar* sind).

Die Quantentheorie, schließlich, ist mit dem lokalen Alltagsrealismus überhaupt nicht mehr zu begreifen. Sie hat zum Ergebnis, dass Materie und die – durch die Relativitätstheorie bereits relativierte – raumzeitliche *Wirklichkeit* aus einem *strukturierten (»gequantelten«), immateriellen, unteilbaren Ganzen* bestehen. Als Metapher für strukturierte Unteilbarkeit kann z.B. der Ozean gelten, der trotz der Wellenstruktur seiner Oberfläche als Ganzes unteilbar ist. Dennoch hat dies bislang keine Auswirkungen auf das Verständnis unserer »Realität«, die weiterhin als materiell, atomistisch, objektiv real, vierdimensional und von der Beobachtung unabhängig *wahrgenommen* wird.

Ein *strukturiertes, immaterielles, geistiges Ganzes* muss deshalb aus der Quantentheorie gefolgert werden, weil Quantensysteme nichtlokal, nicht separabel und dimensionslos miteinander verschränkt sind (und somit eine plurale Struktur in einem singulären Ganzen bilden).

Aus der Relativitätstheorie kann ein immaterielles Ganzes noch nicht abgeleitet werden. In ihr gibt es zwar auch ein *Ganzes*, das »Blockuniversum«, welches die gesamte Wirklichkeit einschließlich der Zeit umfasst, aber dieses Ganze ist nicht immateriell und nicht *jenseits* der Dimensionen von Raum und Zeit, sondern es ist mit der Raumzeit identisch. Das Blockuniversum ist die Summe der gesamten Raumzeit und aller Ereignisse in ihr von Urknall bis Ende. Es hat unzählige Raumzeitpunkte, an denen jeweils irgendetwas der Fall ist.

Zeit und Bewegung sind in der Relativitätstheorie vom subjektiven Standpunkt eines Beobachters im Raum abhängig: die Zeitkomponente der Raumzeit ist nicht absolut, sondern relativ zum bewegten Subjekt. Zeit ist eine subjektive »Illusion« *(Einstein)*. Die Raumzeit ist aber als Ganzes *keine* Illusion.

Die Quantentheorie dagegen weist auf ein *Jenseits außerhalb* der Dimensionen des raumzeitlichen Universums hin. Sie ist dem rationalen, lokal-realistischen Alltagsverstand noch weniger zugänglich als die Relativitätstheorie. Sie macht Wirklichkeit und Naturgesetze noch dazu von der Statistik mikrokosmischer Zufälle und von einer probabilistischen, indeterministischen Selbststeuerung abhängig, was *Einstein* bekanntlich nicht akzeptieren konnte (»Der Alte würfelt nicht«).

2. Perspektivwechsel

Zur Einsicht in den geringsten Teil ist die Übersicht über das Ganze notwendig.
(Goethe)

Um Übersicht zu erlangen, bedarf es der metaphysischen Reduktion der grundlegenden Aussagen beider Theorien auf ihren kleinsten gemeinsamen Nenner. Das entspricht dem ontologischen Sparsamkeitsprinzip (»Ockhams Rasiermesser«). Nach William von Ockham (1288-1347) soll der Philosoph beim Beschreiben der Welt komplexe Sachverhalte zwar nicht von vorneherein in reduktionistischer Weise für einfacher erklären, als sie vielleicht sind. Die Reduktion eigener Prämissen für die Beschreibung der Welt auf das dafür Notwendige steht aber der philosophischen Erkenntnis nicht entgegen, sondern dient ihr.

Das Sparsamkeitsprinzip bedeutet also nicht, dass möglicherweise Vorhandenes überflüssig sei. Die philosophische Betrachtung soll sich aber auf die hierzu notwendigen eigenen Hypothesen beschränken. Es geht nicht darum, die Welt selbst zu vereinfachen, sondern den Zugang zu ihrem Verständnis.

Im Falle der beiden jeweils einzeln für sich mathematisch und experimentell verifizierten Theorien wird naturphilosophischer (und vermutlich auch physikalischer) Fortschritt durch die Komplexität und Inkommensurabilität der Theorien blockiert. Die Inkommensurabilität resultiert aber daraus, dass die eine Theorie die raumzeitliche Wirklichkeit mit ihren Einzelphänomenen und deren Beziehungen zueinander und die andere deren transzendenten, raumzeitlosen Hintergrund und die laufende Neuschöpfung der Wirklichkeit aus diesem Hintergrund beschreibt.

Mit der Quantentheorie wird erstmals in der *Physik*geschichte (nicht erstmals in der *Philosophie*geschichte und auch nicht in der *Theologie*geschichte) die *lokale Realität* als Perspektive wissenschaftlichen Denkens verlassen. Deshalb kann sie auch mit dem gewohnten lokalen Realismus nicht verstanden werden. Sie verweist in revolutionärer Weise auf den Zusammenhang (*Kohärenz*) von lokaler Wirklichkeit und deren immaterieller *Möglichkeit.*

Es mangelt an einer *gemeinsamen* physikalischen Theorie, die *beides* umfasst (die materielle Welt *und* ihren immateriellen Hintergrund), an einer Theorie, welche die Funktionsweise der raumzeitlichen Wirklichkeit (einschließlich der Gravitation), ihre Möglichkeit und deren beider Zusammenhang, deren Relation zueinander beschreibt, es mangelt an der »Theorie von allem«.

Die sich hier aufdrängende These ist die, dass diese Theorie *innerhalb* der physikalischen Naturwissenschaft nie gefunden werden wird, sondern dass Quantentheorie einerseits und Astro- und Teilchenphysik andererseits sich in ihren beiden konträren Welten des Holismus und des Atomismus, des Jenseits und des Diesseits immer mehr voneinander entfernen. Dabei sind sie vielleicht in *metaphysischer* Hinsicht ganz nahe beisammen, weil ihre beiden Welten in Wahrheit ein und dieselbe sind, bzw. sich gerade in ihrer physikalischen Unvereinbarkeit und Unvergleichbarkeit zu einem komplementären Ganzen verbinden.

In der Logik der Quantenphysik gibt es kein »entweder – oder«, sondern nur ein »sowohl – als auch«. Die Zustände von Quantensystemen sind »überlagert«, d.h. mehrere konträre Möglichkeiten sind gleichzeitig vorhanden. Ein Quantenbit hat im einfachsten Fall den Wert 0,5 – genau zwischen 0 und 1. In der klassischen Logik hingegen ist ein Mittleres zwischen zwei kontradiktorischen Gegensätzen ausgeschlossen: »tertium non datur«. Es kann nur eine Welle oder ein Teilchen geben, nichts dazwischen.

In der Quantentheorie gibt es aber keine »Teilchen« oder Teile, die nicht gleichzeitig auch das unteilbare Ganze sind. Vielheit ist quantenlogisch betrachtet immer zugleich auch Ganzheit. Plural ist zugleich auch Singular (bzw. Singularität). Es existiert nichts anderes außer der Singularität, die immer das Ganze ist, und alles, was passiert, passiert in diesem Ganzen und mit diesem Ganzen, durch wechselnde Erscheinung des einen Ganzen. Es gibt nur Prozesse, nur die Veränderung des Ganzen und an diesen Veränderungsprozessen gibt es Beteiligung und Teilhabe durch andere Prozesse, wie etwa uns Menschen, die wir auch solche Prozesse sind, aber es gibt keine Teile im Sinne von geteilter Materie, keine Separabilität.

Die Quantentheorie zieht insofern einen Schlussstrich unter den jahrtausendealten Philosophenstreit, ob das Seiende Eins oder Vieles sei, denn durch das Prinzip der Komplementarität (eingeführt von *Niels Bohr*) wird deutlich, dass sowohl Einheit als auch Vielheit Eigenschaften des Seienden sind, von denen je nach Denkmodell (lokal-realistisch oder strukturell-holistisch) bzw. physikalischer Versuchsanordnung eine hervortritt. Die fundamentale Eigenschaft des *Seins* kommt dabei aber nur dem geistigen Ganzen zu, nicht dem »materiellen« Teilchen. Das »Elementarteilchen« ist lediglich »eine

Möglichkeit oder eine Tendenz zum Sein« (*Heisenberg*).

Die Frage nach der Einheit oder Vielheit des Seienden ist unter quantenlogischen und strukturell-holistischen Aspekten genauso obsolet wie die nach dem »Beginn der Zeit«, denn sowohl materielle Differenzierung als auch Raum und Zeit sind Eigenschaften des Seienden, die nur in der Wahrnehmung des Seienden durch unsere Sinnesorgane auftreten.

Wirklichkeit ist somit unter quantentheoretischen Aspekten keine *Realität*. Realität würde bedeuten, dass einzelne *Dinge* (lat. *res*) existieren, die entweder wieder aus Teilchen von Dingen aufgebaut sind oder selbst Teilchen von Dingen sind. Es existieren aber keine Dinge, sie wirken auf uns nur als solche, weil wir sie als des gleichen Geistes Kinder wie uns selbst *wahrnehmen*. Ohne unsere Wahrnehmung der Wirklichkeit existiert nur die *Information* über die Wirklichkeit.

Unser Alltagsverstand arbeitet seit Menschengedenken lokal-realistisch, er nimmt *Dinge* wahr, die für ihn räumlich, zeitlich und materiell in Bezug auf ihn selbst angeordnet erscheinen. Die Dinge verhalten sich relativ zu ihm auch gemäß dieser wahrgenommenen Ordnung, also gibt es für den Alltagsverstand keine Notwendigkeit, die Denkrichtung zu ändern.

Die lokal-realistische Wahrnehmung der Wirklichkeit ist auch nicht »falsch« oder nur rein subjektiv, aber sie ist in räumlicher und zeitlicher Hinsicht *virtuell,* wie in einem 4D-Kino. Sie entspricht der *Wahrnehmung* einer Bilderstrecke durch sich selbst, durch ihren eigenen Ablauf (wir »Lebewesen« sind in Wahrheit *Lebensprozesse*), unsere Wahrnehmung ist mit einer 4D-Brille zu vergleichen.

Die dimensionslosen Informationen werden so verarbeitet, dass sie wie 4D *erscheinen.* Ohne informationsverarbeitende Prozesse wie das zentrale Nervensystem von Lebewesen (welches wiederum selbst aus der gleichen Art von Information besteht, die es verarbeitet) gibt es keine 4D-Wirklichkeit, sondern nur die nichtlokale und zeitlose Information über die Wirklichkeit.

Objektiv existieren weder Raum noch Zeit (dies hat *Leibniz* bereits vor 300 Jahren postuliert), sondern sie sind Relationen bzw. Anordnungen in der Selbstwahrnehmung dessen, was als einziges existiert: Dieses einzig Existierende ist *Information* bzw. *Geist.* Nach den Erkenntnissen der Quantenphysik besitzt die Information eine Struktur aus *mehrdeutigen Quantenbits (Qubits),* welche sowohl Wellen- als auch Teilchencharakter zeigen können. Im Wellenzustand gehören sie nicht der Raumzeit an und sind *zukünftige* Information (Wahrscheinlichkeit), im Teilchenzustand sind sie »*wirklich*«, konfigurieren unsere Materie und die Raumzeit.

Wirklichkeit (Bit-Information) entsteht *dann* aus Wahrscheinlichkeit (Qubit-Information), wenn die Wellenfunktion »kollabiert«, was einer »Zustandsreduktion« entspricht, denn die Wahrscheinlichkeitswelle hat mehrere mögliche Zustände, das »Teilchen« nur einen.

Hinter der lokalen »Realität«, wie wir sie wahrnehmen, ist also eine Wahrscheinlichkeitsstruktur, die Struktur der Qubit-Information, zu postulieren. Die Wirklichkeit selbst ist keine Realität, sondern Bit-Information. Beide Informationsstrukturen sind nichtlokal und zeitlos, d.h. geistig.

Wahrscheinlichkeit ist die Vorstufe zur Wirklichkeit, sie heißt Wahrscheinlichkeit, weil wir lokal-realistisch die Wirklichkeit für die Wahrheit halten. Aber Wirklichkeit *ist* nicht die Wahrheit, sondern deren Erscheinungsform in unserer Erkenntnis. Die Wahrheit *hinter* dem Schein der Wirklichkeit ist die *Möglichkei*t ihrer Erscheinung, d.h. die Zukunft.

Daher ist der naive, lokale Realismus (die 4D-Brille), der die Welt aus der Sicht von sich als lokal erlebenden Prozessen (uns Menschen) beschreibt und der die lokale Wirklichkeit für die ganze Wahrheit hält, durch einen strukturellen Holismus zu ersetzen, der *das Ganze* betrachtet, welches Wahrheit und Wirklichkeit, Eines und Vieles *zugleich* ist (vgl. die mehrwertige Quantenlogik) und worin sich alles abspielt: den kreativen Geist, die *Zukunft*.

3. Die paradoxe Struktur der Zukunft

Das Seiende ist und das Nichtseiende ist nicht. Das Seiende ist unveränderlich. Bewegung ist Illusion. (Parmenides)

Panta rhei. / Alles fließt. (Heraklit)

Es existiert kein *Ort*, wo sich die Quantenbits befinden. Sie sind *nichtlokal*. Sie sind auch *nicht separabel*, d.h. sie können nicht voneinander unterschieden werden, sie besitzen *keine Individualität*. Sie bilden eine Beziehungsstruktur, ohne dass es etwa einzelne *Teile* gäbe, die miteinander in Beziehung stünden. Sie sind am ehesten mit einem Gitter vergleichbar, wenn man sie sich in raumzeitlichen Dimensionen »aufgeklappt« vorstellen will, denn sie sind *außerhalb der Raumzeit*.

Die holistische Perspektive auf die Welt muss deshalb ein *struktureller* Holismus sein, weil unter dem »Ganzen« eben nicht ein einförmig homogenes, sondern ein strukturiertes Ganzes zu verstehen ist, wobei die Struktur das Entscheidende ist, denn sie er*möglicht* Verbindungen und Beziehungen, die wiederum die Grundlage für Korrelationen sind (vgl. elektronische Schaltkreise).

In einer Gitterstruktur gibt es nur Verbindungen und nichts Spezifisches, nichts selbstständig Existierendes, was dann verbunden würde: Die Verbindungen sind selbst das Eigentliche. Die Quantenbits bilden ein potentes Gitter, denn sie besitzen die Tendenz, in ihrer Gitterstruktur Information fließen zu lassen. Sie bleiben dabei immer miteinander verschränkt, d.h. sie verhalten sich bei ihrer Weiterleitung von Bit-Information immer gleich oder komplementär, egal wie weit sie aus unserer naiven, lokal-realistischen Sicht voneinander entfernt erscheinen.

Wenn man mit einem Laserstrahl experimentiert, besteht dieser sowohl aus Lichtwellen (entspricht der Qubit-Information) als auch aus Photonen (Bit-Information). Der Dualismus entspricht der »paradoxen« Quantenlogik des »sowohl – als auch«.

Jedes Photon ist Träger eines Bits. Wenn man den Laserstrahl mit einem Prisma aufspaltet (*Zeilinger-Experiment*) und die Photonen in entgegengesetzte Richtungen (aktueller Testrekord 146 km) voneinander entfernen lässt, so lassen sich ihre Zustandsinformationen (Observablen) verzögerungsfrei (ohne Berücksichtigung der Lichtgeschwindigkeit als schnellste Übertragungsmöglichkeit von Wirkungen *in der Wirklichkeit*) von einem zum anderen Photon aufgrund der sogenannten Quantenverschränkung übertragen.

D.h. für diese Photonen existiert kein Raum. Ihre Verschränkung besteht *außerhalb* von Raum und Zeit. Sie bleiben, als Quantensysteme, die immer sowohl Qubit-Welle als auch Bit-Teilchen sind, immer miteinander verschränkt. Sie bleiben gleichzeitig mit ihrem Erscheinen in der Wirklichkeit auch außerhalb dieser lokalen Wirklichkeit.

Lokalität und Raum sind Relationen, die für uns als erkennende Prozesse intersubjektiv als Orientierung innerhalb der Wirklichkeit gelten, aber objektiv existieren sie nicht. Sie sind in demselben Sinne virtuell wie die gesamte 4D-Wirklichkeit.

Qubits enthalten jeweils mehrere konträre und *komplementäre* (sowohl gegenteilige als auch sich ergänzende) und *kohärente* (zusammengehörige) Informationen auf einmal. Sie sind nicht nur nichtlokal und nicht separabel (unterscheidbar), sondern auch zeitlos und somit auf einer immateriellen, *geistigen Ebene* zu »verorten«.

In unserer Wirklichkeit erscheinen sie uns sowohl als Quantensysteme (»Welle« ohne lokale Begrenzung) als auch als lokales Elementarteilchen. Sie können nicht in allen ihren jeweiligen Qualitäten (*Observablen*) gleichzeitig gemessen werden (*Unschärferelation*), vor allem weiß man nie, was *zwischen* zwei Messungen mit ihnen geschieht.

Als These kann hier aufgestellt werden, dass gar nichts mit ihnen geschieht, da sie sich eben nicht bewegen oder irgendwie sonst verändern. Sie sind ja nichtlokal und zeitlos. Was passiert, passiert nicht *mit* ihnen, sondern *durch* sie, dass nämlich jeweils *eine* ihrer überlagerten Informationen mit der eines anderen Qubits *korreliert* und somit *Bit-Information fließt* (ein Bit ist die kleinste Informationseinheit).

Sie konfigurieren so durch *Weiterleitung von Bit-Information* eine digitale, prozesshafte Wirklichkeit, die auf uns als deren komplexeste Prozesse aufgrund ihrer Vernetzung (vgl. obiges Gitter-Gleichnis) als räumlich, zeitlich und materiell angeordnet *wirkt*. Objektiv *existieren* Raum, Zeit und Materie nicht, sondern sie *ereignen* sich virtuell.

Falls es einen *Ort außerhalb* des Universums (d.h. der Wirklichkeit) gäbe, von dem man auf dieses Universum blicken könnte, wäre nichts zu sehen. Diesen Ort gibt es aber nicht, denn *Orte* gibt es nur *innerhalb* der Wirklichkeit. Die Informationen, die wir, weil wir aus denselben Informationen bestehen, für unsere Realität in Raum und Zeit halten, sind in Wahrheit *geistiger Natur*. Geist ist dem Universum nicht nur inhärent, wie der Ontologe *Thomas Nagel* postuliert, sondern das Universum *ist* Geist.

Wirklichkeit existiert nicht als Realität, sondern sie *ereignet sich* als Informations- oder Datenfluss. Die Weitergabe von Information bzw. Energie erfolgt in kleinsten Einheiten (*Planck'sches Wirkungsquantum*), im *Energieübergang (Quantensprung)*. Der Begriff des Wirkungsquantums fasst die kleinste Information und die kleinste Wirkung in eins zusammen.

Der Energie- bzw. Informationsübergang ereignet sich ausschließlich in einer flüchtigen *Gegenwart*. Außerhalb der Gegenwart ist *Zukunft*. Qubit-Information ist die Informationsstruktur der Möglichkeit, also der Zukunft. Die Zukunft entspricht allen Informationen, die sich in der Gegenwart verwirklichen *können*. Sie scheint für uns (die wir selbst Prozesse der Gegenwart sind) in einem zeitlichen Sinne *vor* der Gegenwart zu liegen und *nach* der Gegenwart einzutreten. Dieser Eindruck ist allerdings wieder unserer lokal-realistischen Wahrnehmung geschuldet. Am Beispiel eines Wochenkalenders lässt sich der Unterschied zwischen dem lokal-realistischen Blickwinkel und der »Vogelperspektive«, die den Gesamtzusammenhang im Blick hat, verdeutlichen: Am Montag ist für uns der Dienstag zukünftig, wir haben ihn noch *vor* uns, die Zukunft liegt also *vor* uns. Wenn wir aber den Wochenkalender betrachten, der die ganze Woche zeitlos bzw. gleichzeitig im Zusammenhang anzeigt, dann kommt hier der Dienstag *nach* dem Montag, bzw. alle Wochentage stehen auf einmal auf einem Blatt. Zukunft steht uns also nur aus lokal-realistischer Sicht *bevor*. Wenn wir die Gegenwart auf die ganze Woche oder die ganze Wirklichkeit ausdehnen, wie dies der Zustand der Kohärenz ist, dann gibt es kein Nacheinander, sondern nur ein Ineinander.

In Wahrheit sind Gegenwart (Bit-Information) und Zukunft (Qubit-Information) zwei komplementäre Seiten eines zeitlosen Ganzen. Das zeitlose Ganze ist *kohärente* (d.h. unteilbar zusammenhängende) Information mit der Tendenz zur *Dekohärenz* (d.h. zur Kombination *einzelner* Informationen aus dem Gesamtzusammenhang).

Mit der Kombination bzw. Korrelation (Beziehung zueinander) einzelner eindeutiger Bit-Informationen aus der mehrdeutigen Gesamtinformation wird laufend aus der Zukunft heraus neue Wirklichkeit geschöpft. Die wahrnehmbaren *Veränderungen* der Wirklichkeit betreffen jeweils nur die (Kor-)Relationen zwischen einzelnen Qubit-Informationen. Qubits wirken wie *Prozessoren, die Datenströme lenken* und sich selbst dabei nicht verändern.

Qubit-Möglichkeit und Bit-Wirklichkeit (Zukunft und Gegenwart) bedingen sich gegenseitig, sie sind *komplementär*: Möglichkeit ohne Wirklichkeit ist keine

Möglichkeit und Wirklichkeit ohne Möglichkeit ist unmöglich. Nur zusammen ergeben sie einen Sinn. Sie stehen in einer komplementären Beziehung, in einer *komplementären Relation*: Die flüchtigen Veränderungen der Wirklichkeit bedingen jeweils simultan Veränderungen der Möglichkeit: Jede neue Verwirklichung schließt zukünftige Möglichkeiten aus, jede neue Gegenwart gestaltet die Zukunft.

Allerdings gilt diese Gestaltung und Verwirklichung nur für die Dekohärenz, also für die eine (nämlich unsere diesseitige) Seite der komplementären Relation, nicht für das Ganze. Der Tod eines Lebewesens (besser: Lebensprozesses) schließt die Möglichkeit von dessen Fortsetzung *in der Gegenwart* aus. *Sub specie aeternitatis* aber, im Hinblick auf die zeitlose Kohärenz des Ganzen, existiert der gesamte Lebensprozess schlechthin, wie alle Prozesse der Wirklichkeit.

Geburt, Leben und Tod spielen sich in der Gegenwart ab. Der gesamte Lebensprozess eines jeden »Lebewesens« von Geburt bis Tod existiert aber als gespeicherter und unzerstörbarer Datensatz (wie die Daten der gesamten Wirklichkeit) im zeitlosen »Jenseits«, in der Kohärenz.

Als *wirklich* erlebt werden kann der Prozess nur *durch sich selbst* innerhalb der Wirklichkeit, wobei sich die aufregende Frage stellt, was lokal-realistisch erlebte Einmaligkeit vor dem Hintergrund strukturell-holistischer Zeitlosigkeit des Ganzen bedeutet.

Gerade die Urknalltheorie, die wie die gesamte Kosmologie dem lokalen Realismus verhaftet ist, verweist mit dem Postulat eines »Beginns der Zeit« auf deren lokalen Illusionscharakter. Ein irgendwie gearteter »Beginn« wäre ja selbst bereits ein Zeitpunkt, Zeit kann nicht »irgendwann beginnen«. Es gibt gemäß der Relativitätstheorie *keine universelle Gleichzeitigkeit,* also auch keinen universellen »Beginn der Zeit«.

Der Urknall findet also nicht an *einem* Ort zu einer bestimmten Zeit statt, sondern je nach Lokalität eines »Beobachters« an beliebiger Stelle der Raumzeit (»es knallt die ganze Zeit«, *Hans-Peter Dürr).*

Wenn aber die Zeit nicht beginnt, sondern eine lokale Illusion ist, dann sind auch die kognitiv befähigten Prozesse (»Lebewesen«), denen die Zeit als solche *erscheint*, selbst nicht zeitabhängig, sondern in Wahrheit zeitlos, wie in einem extremen Datenkompressor oder Zeitraffer, der einen Film auf eine Planck-Zeit verkürzt, ohne Datenverlust zu erleiden. Nur aus Sicht der kognitiven Prozesse selbst läuft der Film in »Zeit«-lupe ab. In Wahrheit finden alle seine Ereignisse »gleichzeitig« statt.

Der einzelne *Bewusstseinsprozess* entsteht aber durch die lokale Abfolge der Ereignisse. Philosophisch besteht die Herausforderung darin, die Subjektivität und Einmaligkeit des bewussten Erlebens eines Lebensprozesses zu vereinbaren mit der Zeitlosigkeit des Ganzen. In der objektiven Zeitlosigkeit ist ein Ablauf des bewussten Prozesses »jederzeit« möglich. Er existiert zeitlos als Möglichkeit in der Kohärenz, d.h. seine Verwirklichung durch Dekohärenz ist beliebig wie die aller Prozesse (vgl. Urknall).

Als These kann postuliert werden, dass nicht nur Raum, Zeit und Materie, sondern auch die Einmaligkeit des Erlebens eines Lebensprozesses subjektive Illusionen sind. Nicht nur die Anordnung von Materie in 4D, sondern auch das eigene Leben in 4D ist virtuell, jedenfalls was seine Wahrnehmung in vier Dimensionen betrifft. Die *Daten* sind nicht virtuell, die Information, die unseren Lebensprozess kennzeichnet, und alles, was uns widerfährt, existiert tatsächlich unabhängig von unserer Wahrnehmung, aber nicht in Raum und Zeit. Wir sind geistige Wesen.

Jeder Prozess der Wirklichkeit ist in diesem Sinne »unsterblich«, was auch bedeutet: unvergänglich und nur in der Gegenwart gestaltbar, d.h. in seiner Unvergänglichkeit nicht mehr zu korrigieren. Jeder Lebensprozess ist in seinem lokal-realistischen Ablauf, d.h. in der Wahrnehmung durch sich selbst, beliebig oft möglich.

Wenn man den Hollywood-Film *Titanic* nach oder kurz vor dessen Ende erneut von vorne startet, so ahnt Jack beim Betreten der Titanic wieder nichts vom drohenden Unglück, sondern ist hocherfreut über seine Fahrkarte nach Amerika. Der Zusammenstoß mit dem Eisberg ist für ihn wieder einmal noch keine Wirklichkeit, sondern muss als Wirklichkeit erst noch einmal durch die Zukunft gestaltet werden. Im Gegensatz zur Zukunft im Spielfilm ist allerdings die »wirkliche« Zukunft *nicht* determiniert, sondern im Rahmen ihrer Wahrscheinlichkeitsgesetze offen und gestaltbar.

Denkt man sich alle Einzelbildchen von *Titanic* übereinandergelegt – und zwar nicht nur die der bekannten endgültigen Filmfassung, sondern auch die aller anderen denkbaren Versionen –, dann wird vorstellbar, was Zeitlosigkeit von Möglichkeit und Wirklichkeit bedeutet. Alle möglichen Einzelbildchen übereinander bilden die Kohärenz, die Wirklichkeit sucht sich ihren Weg hindurch mithilfe des »Wahrscheinlichkeitsprogramms«. Die wahrscheinlichste Version gewinnt, die anderen bleiben unwirklich.

Die Unwirklichkeit der *Zukunft* ist für unser Alltagsdenken noch einigermaßen nachvollziehbar: *Sie* ist ja ganz offensichtlich nicht real. Aus der Unwirklichkeit der Zukunft und der Flüchtigkeit der Gegenwart ergäbe sich eigentlich bereits für den naiven Alltagsverstand ein deutlicher Hinweis auf die wahre geistige Natur des Universums. Durch die Quantentheorie lässt sich aber nun erkennen, dass auch Wirklichkeit nicht real ist, sondern immaterielle Information, die lediglich als vierdimensional erscheint.

Zukunft und Gegenwart *existieren* also durchaus (als Information). »Vergangenheit« aber existiert objektiv nicht, da das komplementär ergänzte und kohärente Ganze aus Zukunft und Gegenwart zeitlos ist. Vergangenheit ist reine Illusion, ein subjektiver Wahrnehmungseffekt. Das *Vergehen* von Zeit ist dasselbe Scheinphänomen wie die sogenannte »Realität«, denn die Zeit vergeht nicht in einer Welt von sich verändernden *Dingen,* sondern die Welt *ereignet sich* für den ihr immanenten »Beobachter«, der selbst ein Datenprozess ist, als *virtuelle Wirklichkeit.*

4. Zeitlose Prozesse

Für uns gläubige Physiker hat die Unterscheidung in Zukunft, Gegenwart und Vergangenheit doch nur den Charakter einer, wenn auch hartnäckigen, Illusion. (Albert Einstein)

Vergangenheit, Gegenwart und Zukunft existieren nicht als »Zeit«. Sie sind *Hilfsbegriffe*, weil man lokalrealistisch von einer festen Welt ausgeht, die der Bezugspunkt des eigenen Denkens ist und in der »die Zeit vergeht«. Dies entspricht der anthropozentrischen Blickrichtung des Alltagsdenkens (der »doxa« nach *Parmenides*). Mit einem *strukturell-holistischen* Modell jedoch wird die Zukunft als die zeitlose Struktur aufgefasst, welche die veränderliche, raumzeitlich erscheinende Gegenwart zu ihrer eigenen Darstellung *ermöglicht*.

Dann *vergeht* keine Zeit, sondern die Welt stellt sich als virtueller Prozess auf dem Monitor der Gegenwart dar. Die Welt ist auf dem Gegenwartsmonitor in jedem Augenblick eine neue Welt, sie erschafft sich in jeder Gegenwart neu aus dem Pool von kohärenten Möglichkeiten.

Völlig neu und anders kann sie sich allerdings nicht erfinden, dafür sorgen die der Zukunftsstruktur inhärenten Wahrscheinlichkeiten. Daher erscheint uns die Welt auch einigermaßen berechenbar und beständig zu sein. Aber sie ist dennoch nie dieselbe Welt wie im vorhergehenden Augenblick. Wir wissen das längst aus der Alltagserfahrung, aber wir betrachten die Welt dennoch nicht als Prozess, sondern als festen Bezugspunkt, als einen *Ort*, an welchem Zeit vergeht.

Es ist derselbe lokale Realismus, der uns im Alltag den Sonnenuntergang vorspielt, wenngleich wir heute wissen, dass die Erde sich relativ zur Sonne um ihre eigene Achse dreht, dass also eigentlich die Sonne der »feste« Bezugspunkt in dieser Beziehung ist.

Die »Welt«, worunter wir für gewöhnlich unsere Wirklichkeit verstehen, ist genauso wenig ein fester Bezugspunkt wie die Erde, sie ist genauso wie diese kein Ort, sondern ein Prozess, und zwar ein Prozess der ständig sich verändernden Erscheinung des einen Ganzen, welches als einziges existiert und in jeder Gegenwart anders erscheint.

Der Grundbaustein der *Wirklichkeit* ist also nicht Materie und nicht Raumzeit, sondern *virtuelle Veränderung*. In der Wirklichkeit verändert sich laufend alles.

An der Wahrheit, also der zeitlosen *Möglichkeit* dieser Wirklichkeit, verändert sich nichts, so wie sich an Hard- und Software des Monitors selbst auch nichts verändert, wenn das *Titanic*-Video läuft, aber dadurch, dass wir selbst ähnlich virtuell sind wie Rose und Jack, erscheint uns die virtuelle Veränderung als wirklich.

Es existiert objektiv immer nur das eine gemeinsame Ganze. Wir sind alle flüchtige Ausformungen und Ausgestaltungen dieses einen Ganzen. Das Ganze, das sich ausgestaltet, ist die kohärente Struktur der Zukunft, die Struktur der verschränkten und nichtlokalen, geistigen Quantenbits. Wir *existieren* also nicht individuell und materiell, sondern *erleben* uns als individuell und materiell.

Das kohärente Ganze ist die Datei, die alle Möglichkeiten der Ausgestaltung in sich gespeichert hat. Die Ausgestaltung dieser Möglichkeiten findet wie bei einer Videodatei auf einem Bildschirm statt, dem Monitor der Gegenwart. Im Gegensatz zum vorab schon geschriebenen Drehbuch des Videofilms ist unsere Wirklichkeit aber nicht genau determiniert. Sie erschafft sich jeden Augenblick neu im Rahmen bestimmter »Gesetze«, nämlich der Gesetze der Wahrscheinlichkeit einschließlich der sogenannten »Naturgesetze«, die auch nur statistisch gemittelte Wahrscheinlichkeiten sind.

Im Gegensatz zum Spielfilm ist also unsere Wirklichkeit ein sich selbststeuerndes, lernfähiges Computerprogramm, welches Prozesse erscheinen lässt, die auf dem Bildschirm der Gegenwart jeweils erst entschieden werden. Auf dem Bildschirm ereignen sich *die* Veränderungen, die gemäß der probabilistischen Programmierung am »*möglichsten*«, d.h. am *wahrscheinlichsten* sind.

Bewusste Prozesse wie der Mensch können in diese probabilistische Selbststeuerung eingreifen. Der erste Offizier Murdoch hätte in der Wirklichkeit den Zusammenstoß vielleicht noch verhindern können, wenn er nur die Backbordschraube rückwärts hätte drehen lassen, und Kapitän Smith auch, wenn er langsamer gefahren wäre.

5. Materie besteht nicht aus Materie

Aber wenn sich Energie in Paare von Elektron und Positron verwandeln kann und umgekehrt, konnte man dann überhaupt noch fragen, aus wieviel Teilen ein Gebilde wie ein Atomkern bestünde? [...] Vielleicht gab es gar keine kleinsten Bausteine, die man nicht mehr teilen kann. Vielleicht konnte man die Materie immer weiter teilen, aber am Schluss ist es eigentlich gar kein Teilen mehr, sondern man verwandelt Energie in Materie, und die Teile sind nicht mehr kleiner als das Ganze. (Werner Heisenberg)

Im quantenphysikalischen Schlüsselexperiment, dem Doppelspaltversuch, werden »Teilchen« (Photonen, Elektronen) einzeln gegen einen Doppelschlitz geschossen, hinter dem in einigem Abstand ein Detektorschirm steht. Wenn man *nicht* mit Messgeräten beobachtet, durch welchen Spalt sie jeweils gehen, verhalten sie sich wie »Wellen«: Ein »einzelnes Teilchen« geht durch beide Spalte und vereinigt sich dahinter wieder, bildet am Ende der Versuchsstrecke am Detektorbildschirm wie Wasserwellen ein verschwommenes Interferenzmuster: Es interferiert mit sich selbst.

Beobachtet man aber mit am Spalt postierten Messgeräten, durch *welchen* der Spalte die »Teilchen« gehen, so gehen sie jeweils nur durch *einen* Spalt und am Bildschirm dahinter entsteht ein Streifenmuster aus zwei exakt getrennten Streifen, je einer pro Spalt.

Das bedeutet, dass nur *in Gegenwart von Wirklichkeit* (z.B. eines Beobachters, aber auch anderer »Materie«, wie z.B. des Detektorschirms am Ende der Versuchsstrecke) neue Wirklichkeit aus der *Wahrscheinlichkeit* der Zukunft entsteht. Wenn der Beobachter bereits am Spalt, also ein Stück weit *vor* dem Detektor, in die Versuchsstrecke eingeschaltet wird, sodass er die Information, durch welchen Spalt der Weg des Quantensystems geht, früher abgreift als der Detektorschirm, dann entsteht am Detektorschirm ein sauberes Streifenmuster aus zwei exakt getrennten Streifen. Das »Teilchen« war in diesem Fall eben bereits seit der Beobachtung am Spalt »wirklich«.

Wenn es aber bei seinem Weg durch beide Spalte unbeobachtet (d.h. von der Wirklichkeit isoliert) bleibt, kommt es erst am Detektor zur Wechselwirkung mit der Wirklichkeit und es bildet sich ein Interferenzmuster, welches die *wahrscheinlichen* Wege durch die Spalten abbildet, nicht die wirklichen.

Der Unterschied zwischen einem bewussten Beobachter und einer nicht erkenntnisfähigen Materie wie dem Detektor ist der, dass nur der Beobachter die in der Gegenwart aufscheinende Bit-Information als *wirklich wahrnimmt*. Das Messgerät am Doppelspalt (welches wie alle Materie ein Prozess aus fließender Bit-Information ist) würde durch seine Interaktion mit den Qubits auch *ohne* bewussten Beobachter statistische Wahrscheinlichkeit in Wirklichkeit umwandeln, d.h. »Wellen« in »Teilchen«, Qubit-Information in Bit-Information. Aber nur für den erkennenden Beobachter hat die Bit-Information die *Bedeutung* von Wirklichkeit.

Aus der im Moment der Gegenwart (also dem Moment der *Beziehung* zur Bit-Information) höchsten statistischen Wahrscheinlichkeit (bzw. der »möglichsten Möglichkeit«) wird immer Bit-Information, egal ob ein Beobachter in der Nähe ist. Also entsteht das Bit-Streifenmuster aus zwei getrennten Streifen unabhängig von der *bewussten* Beobachtung, aber nicht unabhängig von der *Messung,* d.h. vom Abgreifen der Information und deren »Einbau« in die Wirklichkeit.

Information wird immer dann abgegriffen, wenn Bit-Information *gegenwärtig* ist. Der Begriff »Gegenwart« (Präsens) bedeutete bis ins Mittelalter »Anwesenheit« (Präsenz). Gegenwart bedeutet auch quantenphilosophisch Anwesenheit von Bit-Information, welche *eine* Information der Qubits abgreift, indem sie mit ihr korreliert, sie weiterleitet und damit komplexe Prozesse ermöglicht, die als Atom- und Molekülformen weitere komplexe Wirkungen und letztlich die Wirklichkeit erzeugen.

Aber nur einem kognitiv befähigten Beobachter, der selbst ein Bit-Prozess ist, *erscheint* dieser Bit-Datenfluss dann auch *als wirklich*. Er erkennt seine *eigene* Wirklichkeit, und diese ist Bit-Information. In *Wahrheit* (»aletheia« nach *Parmenides*) sind sowohl Qubit- als auch Bit-Information, sowohl statistische Wahrscheinlichkeit als auch Wirklichkeit aber *geistiger* Natur.

Es *existiert* nur die *Möglichkeit* der Welt, nicht ihre Wirklichkeit, aber innerhalb der Möglichkeit entstehen Beziehungen zwischen überlagerten Mehrfach-Informationen, die zu Prozessen von solcher Komplexität führen können, dass sie am Ende sich selbst wahrnehmen und zwar als *wirklich*.

Wirklichkeit *ereignet* sich somit für Lebewesen, ohne selbst zu existieren. Sie verhält sich *emergent* zur Möglichkeit (Zukunft), die als einziges existiert und auf der wie auf einem unveränderlichen Bildschirm flüchtig wechselnde Korrelationen von Qubit-Informationen auftauchen.

In Wahrheit bewegt sich in dem ganzen Doppelspaltversuch, wie auch in der restlichen Wirklichkeit, nichts. Es gibt kein »Teilchen«, das von der Emissionsquelle zum Detektor »fliegt«, sondern Information wird von Qubit zu Qubit weitergeleitet, aber nicht in einem lokalen Sinn, sondern in einem geistigen (wie bei dem Bildschirm, auf dem sich ein flüchtiges Bild bewegt, der Monitor selbst aber stets unveränderlich bleibt).

Das verschwommene Interferenzmuster der *unbeobachteten* Teilchen im Doppelspaltversuch bedeutet, dass diese erst auf dem Detektorschirm zu »Teilchen«, also zu Bit-Information werden, davor sind sie als von der Wirklichkeit isolierte Quantensysteme *unwirklich*, d.h. mit der Zukunft kohärent. Sie sind *zukünftige* statistische Information (*Wahrscheinlichkeit*).

Sie sind keine einzeln identifizierbaren Individuen, ihr Verhalten lässt sich immer nur in einer einzigen Qualität messen, da pro Energieübergang, d.h. pro Gegenwart, immer nur *eine* Information gemessen werden kann und die nächste Messung bereits irgendein beliebiges anderes »Teilchen« misst.

Das Interferenzmuster am Detektor bildet die verschiedenen statistischen Möglichkeiten bzw. Wahrscheinlichkeiten der Wege des Informationsflusses durch die Spalten ab, *keine* Wirklichkeit. Die Quantenphysik spricht aufgrund des Wellenmusters von »Wahrscheinlichkeitswellen«. Diese sind, wie elektromagnetische Wellen, nicht in der Zeit. Sie durchqueren den Raum mit Lichtgeschwindigkeit. Sie sind im Raum, aber nicht in der Zeit. Sie definieren die maximale Übertragungsgeschwindigkeit von Wirkungen in der Wirklichkeit.

Wahrscheinlichkeit ist die Vorstufe der Wirklichkeit. Sie taucht auf, wenn zeitlos-chaotische, zustandsüberlagerte, mehrdeutige Qubit-Möglichkeit (Zukunft) auf eindeutige Bit-Wirklichkeit (Gegenwart) trifft. Es gibt dann mehrere Möglichkeiten dafür, welche Information aus der Zukunft mit der Gegenwart korreliert.

Durch die »Naturgesetze«, die sich langsam aus vielen, der Zukunft inhärenten Ur-Wahrscheinlichkeiten herausgebildet haben und manche Möglichkeiten sehr wahrscheinlich werden lassen, andere sehr unwahrscheinlich, entsteht eine Hierarchie der Möglichkeiten, eine statistische Prognose, eben die Wahrscheinlichkeit für zukünftige Ereignisse. Die *Wahrscheinlichkeit scheint wahr* zu werden, sie ist aber immer noch *Möglichkeit* (wenn auch statistisch bereits eingegrenzt) und erst die tatsächlich fließende Bit-Information lässt schließlich die Prozesse erscheinen, die als Wirklichkeit (angeordnet in raumzeitlichen Dimensionen) erscheinen.

Möglichkeit (Zukunft) existiert jenseits von Raum und Zeit (nichtlokal und zeitlos), *Wahrscheinlichkeit* entsteht für Prozesse im Raum, ist aber nicht in der Zeit, und *Wirklichkeit* erscheint für Prozesse in Raum und Zeit.

Paradoxerweise sind weder Wirklichkeit noch Wahrscheinlichkeit »wirklich wahr«, sondern nur deren beider *Möglichkeit.*

6. Das Universum als Programm

It from Bit. (John Archibald Wheeler)

It from Qubit. (Seth Lloyd)

Die Frage, die *Albert Einstein, Niels Bohr* und andere Pioniere der theoretischen Physik vor 100 Jahren diskutierten: »Existiert der Mond, wenn niemand hinschaut?«, ist folgendermaßen zu beantworten: Er existiert als zeitlose und raumlose *Information über den Mondprozess,* aber er wird ohne erkennenden Beobachter von niemandem *als wirklich* wahrgenommen und deshalb ist er auch nicht wirklich. Er ist – wie die gesamte unbeobachtete Wirklichkeit – rein geistige Bit-Information bzw. *Berechnung* (oder auch *Programmierung*) eines Prozesses, den wir »Mond« nennen, wenn wir ihn wahrnehmen.

Wirklichkeit und Raumzeit *wirken* nur auf solche Beobachter als *wirklich* und in 4D, die selbst Prozesse der Wirklichkeit sind. Das *Erleben* von Wirklichkeit als *Realität* ist ein Spiel von Information bzw. Geist mit sich selbst. Wirklichkeit ist ein in sich geschlossener, virtueller Simulationsraum (incl. Simulationszeit), ein *Cyberspace* (besser: eine *Cyberspacetime*) innerhalb der zeitlosen, geistigen Zukunft.

Zeitlosigkeit ist für den »gesunden Menschenverstand« mit seiner lokal-realistischen 4D-Brille besonders schwer vorstellbar, weil das Bewusstsein ja selbst ein zeitabhängiger Prozess ist, aber die Illusion von Raum und Wirklichkeit lässt sich einfach in einem 3D-Kino nachvollziehen. Eigentlich ist jeder 3D-Film ein 4D-Film, aber die zeitliche Dimension wird als absolut gegeben vorausgesetzt, sodass man sich keine Gedanken darüber macht, dass auch sie natürlich simuliert werden muss. Wenn der Strom ausfällt und der Projektor stehen bleibt, kann man aber sehen, dass sie durchaus notwendig ist, um die »3D«-Illusion zu erzielen.

Für die Zuschauer im Kinosaal wirkt das Spiel auf der Leinwand räumlich, aber sie wissen um die Illusion, der lediglich eine Filmkopie, eine zweidimensionale Leinwand und etwas technischer Aufwand zugrunde liegen. Anders verhielte es sich aber mit den Figuren auf der Leinwand selbst, die aus der laufenden Umformung von Licht auf einer unveränderlichen weißen Leinwand »bestehen«.

Falls diese Figuren nicht nur aus Lichtwellen/-teilchen bestünden, sondern aus dem Projektor noch andere Wellen/Teilchen abgeschickt würden, die komplexe Atom- und Molekülprozesse vollziehen könnten (die Forschungsgruppe von *Anton Zeilinger* in Wien hat bereits die Welle/Teilchen-Dualität von einfachen Molekülen bewiesen) und schließlich kognitive Prozesse entwickelten und ihre Umgebung erkennen könnten, wäre die Filmszene ihre einzige *Wirklichkeit*, die sie wahrnehmen könnten.

Den Aufbau dahinter, den Projektor, das Kino und auch die Zuschauer könnten sie niemals wahrnehmen. Wären Philosophen unter ihnen, könnten diese sich durch Nachdenken allenfalls approximativ der Wahrheit des Kinosaales annähern, ähnlich wie dies bereits *Platon* mit seinem Höhlengleichnis beschrieb.

Das Weltbild des geistigen Universums geht von der Gegenwart (das Einzelbild des 4D-Films) als Grundbaustein der *Wirklichkeit* und von einer dahinterliegenden, zeitlosen *Potenzialität* (Filmrolle und Projektor) aus. Die zeitlose Potenzialität nennen wir lokal-realistisch »Zukunft« (sie enthält alles, was lokal-realistisch auf uns zukommt), strukturell-holistisch kann man sie als geistiges Universum verstehen. Der Begriff Universum umfasst *alles, was ist.* Dies kann schon vom lokalen Alltagsverständnis her nicht nur die Wirklichkeit der Gegenwart sein, sondern muss auch die (unwirkliche) »Zukunft« umfassen.

Auch die sogenannte »materielle« Wirklichkeit, welche sich in der Gegenwart in 4D abspielt, ist im Lichte der Quantentheorie ein immaterieller Prozess, vergleichbar mit den ungreifbaren Lichteffekten auf der Filmleinwand.

Die Beständigkeit von »Materie«, ihre Festigkeit, z.B. die von Stahl, entsteht nicht durch »Atome«. Atome bestehen zum allergrößten Teil aus leerem Raum. Ihre Festigkeit entsteht im Mikrokosmos durch immaterielle elektromagnetische Wechselwirkung. Die Atomhülle aus negativ geladenen Elektronen wird an den positiven Atomkern gebunden. Die Bindungskräfte können physikalisch mit Bindungs*energie* gleichgesetzt werden. Elementarteilchen sind in Atomen nicht als lokalisierte Teilchen vorhanden sondern als unscharf verschmierte *Energie*konzentrationen.

Energie ist strukturell-holistisch mit Bit-Information gleichzusetzen, genauso wie die zu Energie bekanntlich äquivalente Materie. Energie treibt ganz offensichtlich unsere materielle Wirklichkeit an, dies ist auch mit dem Alltagsverstand klar erkennbar. Sie katalysiert deren Prozesse durch ihre physikalische Wirkung, die mathematisch genau berechnet werden kann und die auch reine Berechnung *ist*.

Dass Information von der Art, die uns in der Wirklichkeit *nicht* als physikalische Energie erscheint, die Wirklichkeit ebenfalls antreiben kann, ist auch bekannt. Eine Geld-Überweisung z.B. ist ein reiner Informationsfluss, keine physikalische Energie wird benötigt, nichts »Materielles« wird bewegt. Dennoch ergeben sich unmittelbare materielle Auswirkungen, indem etwa bestellte Ware ins Haus geliefert wird oder Hilfe geleistet werden kann etc., wenn dazu jeweils die logistischen *Möglichkeiten* vorgegeben sind.

Die Funktion von Information als Katalysator von *möglichen* Prozessen wird hier sichtbar. Nur trennen wir immer noch *Information* (als etwas nicht Greifbares) von *Energie*, oder vom Materiellen oder Physikalischen, von dem wir denken, dass wir es (be-)greifen können. In Wahrheit ist aber auch das Materielle »nur« Information, genauso wie die physikalisch zur Materie äquivalente Energie, nämlich Information über eine Wirklichkeit, der wir selbst angehören und die nur uns, die wir aus derselben geistigen Information bestehen, als wirklich und vierdimensional geordnet *erscheint*.

7. Gegenwart ist dekohärente Zukunft

Ich forsche nur, Vater, stelle keine Behauptungen auf. Bewahre mich, mein Gott, und leite mich. Ob es wohl jemanden gäbe, der mir sagt, es seien nicht drei Zeiten, wie wir es als Knaben lernten und später selbst die Knaben lehrten, nämlich Vergangenheit, Gegenwart und Zukunft, sondern nur die eine Gegenwart, weil die beiden anderen ja nicht sind? Oder sind sie doch, aber die eine tritt aus irgendeinem Versteck hervor, wenn aus Zukunft Gegenwart wird und die andere verzieht sich in ein Versteck, wenn aus Gegenwart Vergangenheit wird? (Augustinus)

Die Kohärenz, also das zusammenhängende, komplementäre (d.h. sich ergänzende) Ganze an Information, welches die Welt ausmacht, ist mit dem uns vertrauten Alltagsbegriff der *Zukunft* gleichzusetzen: Sie enthält alles, was jemals auf uns *zukommt*, also unsere gesamte *Gegenwart*. Die Gegenwart – und damit ist immer die *Wirklichkeit* gemeint – ist in der Zukunft *enthalten*.

In der Zukunft sind alle Möglichkeiten, die sich jemals verwirklichen *können*, diejenigen, die sich verwirklichen *werden*, aber auch die, welche sich schon verwirklicht haben, *raum- und zeitlos* (zum besseren

Verständnis: *gleichzeitig*) vorhanden. Nur aus unserer naiven, lokal-realistischen Sicht sind Möglichkeiten, die sich »noch nicht« verwirklicht haben, und solche, die bereits verwirklicht sind, zu trennen.

Die Möglichkeit, dass die Titanic in einer kalten Aprilnacht des Jahres 1912 im Nordatlantik auf einen Eisberg läuft und sinkt, hat sich aus unserer lokal-realistischen Sicht bereits verwirklicht; da es aber *keine universelle Gleichzeitigkeit und Historie* gibt und das Erdenjahr »1912« nur auf der Erde vergangen ist, für ein fernes Bezugssystem in einer anderen Galaxie aber noch in der Zukunft liegt, bestehen die Möglichkeit, die Wahrscheinlichkeit und die Wirklichkeit des Unterganges der Titanic im Hinblick auf das gesamte Universum einfach zeitlos und schlechthin, wie alle Möglichkeit, Wahrscheinlichkeit und Wirklichkeit. Die scheinbare Vergänglichkeit der Wirklichkeit ist ein Wahrnehmungsphänomen, das unserer Zugehörigkeit zur Wirklichkeit geschuldet ist.

Die Möglichkeiten der Kohärenz bzw. Zukunft sind superponiert (d.h. mehrere Informationen überlagern sich pro Qubit), sie sind verschränkt (d.h. miteinander koordiniert) und sie zeigen die Tendenz, dass einzelne der superponierten Möglichkeiten mit anderen in Wechselwirkung treten, *ohne* dass sich Superposition und Verschränkung in Wahrheit dabei auflösen.

Der Zustand der Kohärenz, in der alle Informationen überlagert sind, kann nicht nur als »Zukunft« sondern auch als »Singularität« konzipiert werden, worunter man im kosmologischen Sinne das versteht, was »vor« dem Urknall vorhanden ist.

Da es keine universelle Gleichzeitigkeit gibt, gibt es aber auch nicht nur *einen* Urknall, der für das gesamte Universum den Beginn einer gleichförmigen Entwicklung bedeutet, sondern sowohl die Singularität (d.h. die Zukunft, d.h. die Kohärenz) als auch die prozesshafte Verwirklichung des Universums existieren als zwei Seiten einer Medaille, zustandsüberlagert als »contraria complementa«, d.h. als sich zum Ganzen ergänzende Gegensätze, zeitlos ineinander.

Gegenwart folgt nicht auf Zukunft, sondern ereignet sich *in* ihr. Zukunft *umfasst* Gegenwart. Kohärenz *umfasst* De-kohärenz (d.h. die scheinbare Herauslösung einzelner Bits aus Qubits). Bit-Information fließt *in* Qubit-Information.

Die Metaphysik der Quantentheorie trifft damit trotz deren physikalischer Unvereinbarkeit mit der Relativitätstheorie – die daraus resultiert, dass sich die Quantentheorie mit der kohärenten Unwirklichkeit und die Relativitätstheorie mit der dekohärenten Wirklichkeit befasst – auf die Metaphysik der Relativitätstheorie, deren Blockuniversum stets an allen Raumzeitpunkten zeitlos der Fall ist und die Zeit umfasst.

Die kohärenten Zustandsüberlagerungen der Qubit-Information sind in Wahrheit unveränderlich. Was sich also *nicht* verändert, sind die *Möglichkeiten* der konkreten Gestaltung der Wirklichkeit. Das Phänomen der Dekohärenz ist vergleichbar mit dem elektronischen Datenfluss in einem PC-Prozessor. Einzelne Informationen aus der kohärenten, mehrdeutig-überlagerten Quanteninformation wechselwirken mit anderen Informationen, indem für den Moment ihrer Gegenwart (wenn sie sich jeweils *gegenwärtig* sind und ein Informationsfluss bzw. Energieübergang erfolgt) eine *Beziehung* zwischen diesen Informationen besteht, wodurch diese als eindeutige Bit-Informationen wieder auf andere Qubits *wirken* und so ein Datenstrom entsteht.

Die Qubit-Struktur der Zukunft verändert sich durch den Datenfluss der Wirklichkeit genauso wenig wie der Prozessor, wenn wir eine Datei auf dem Monitor abspielen. Die dekohärenten »Zustandsreduktionen« der Qubits dienen nur der Fortleitung des Datenflusses. Einzelinformationen werden in Wahrheit nicht herausgelöst, sondern treten für eine Gegenwart in Relation zueinander. Wirklichkeit ist immer die gerade aktuelle (gegenwärtige) Beziehung zwischen den unzähligen Qubits der Zukunft.

Die Bits fließen in den unveränderlichen Qubits wie elektrischer Strom in einem unveränderlichen Kupferdraht. Daher sind Quantensysteme (»Elementarteilchen«) als physikalisches Korrelat von Qubit-Information auch nichtlokal und nichtindividuell: Sie haben keinerlei intrinsische Eigenschaften, die sie unterscheidbar machen, und sind beliebig austauschbar.

Nichtlokal bedeutet, sie sind nicht eindeutig als sich bewegende »Teilchen« zu verorten (*Unschärferelation*). Wenn man ihren Ort bestimmt, kann man nicht voraussagen, wo sie sich in der nächsten Gegenwart befinden, d.h. man kann nicht gleichzeitig mit dem Ort auch ihre Bewegungsrichtung messen.

Damit bestätigt die Quantentheorie die Philosophie der Eleatenschule vor 2500 Jahren (*Parmenides*, *Zeno*): Diese hatten bereits postuliert, dass ein fliegender Pfeil sich in Wahrheit gar nicht bewege, da er sonst nie an einem definierten Ort sein könne. An *einem* Ort könne er sich gar nicht bewegen: »Das Bewegte bewegt sich weder in dem Raume, in dem es ist, noch in dem Raume, in dem es nicht ist.« (*Zeno*)

Das Paradox bestätigt sich nun durch die Quantenphysik, da kein »Teilchen« (auch keines aus *Zenos* Pfeil) sowohl an *einem* Ort als auch mit einer Bewegungsrichtung oder Geschwindigkeit gemessen werden kann. An *einem* Ort kann eine definierte Geschwindigkeit weder naturphilosophisch gedacht noch physikalisch gemessen werden.

Es bewegen sich nämlich weder der Pfeil noch seine einzelnen Teilchen, sondern in der zeitlosen Unveränderlichkeit der Kohärenz erfolgt ein Datenfluss, der auf dem »Dekohärenz-Monitor« der Wirklichkeit als fliegender Pfeil aus vielen Teilchen *erscheint.* In Wahrheit verändert sich nur Information, ohne sich zu bewegen (sie ist nichtlokal).

Die Eleaten postulierten damals nicht die Unveränderlichkeit der *Wirklichkeit* oder das Stillstehen der Natur, wie ihnen oft fälschlich vorgeworfen wurde (bereits von *Aristoteles* und *Platon*), sondern ihre Lehre ist vielmehr als *Erkenntniskritik* in dem Sinne zu verstehen, dass es sich bei unserer Wahrnehmung um eine durch die Sinnesorgane verursachte Transformation der wahren und zeitlosen, damit zwangsläufig unveränderlichen, geistigen Information in zeitlich und räumlich geordnete Eindrücke handelt.

Im Datenfluss der Wirklichkeit, der eben nur für uns aufgrund dieser Erkenntnismuster als Fluss *erscheint*, in Wahrheit aber immer zeitlose Möglichkeit bleibt, bedeutet jede Gegenwart einen *Energieüber-*

gang, d.h. man kann in einer Gegenwart ein Quantensystem an einem Ort messen und in der nächsten Gegenwart an einem anderen Ort, aber man misst dabei nicht *dasselbe* Quantensystem. Man kann nicht davon sprechen, dass sich ein Quantensystem von da nach dort *bewegt* hat, sondern die Ortsinformation (oder auch die Geschwindigkeitsinformation, die Richtungsinformation, der Drehimpuls) ist von einem zu einem anderen Quantensystem übergegangen. Wenn der Fluss steht, weil kein Sinnesorgan da ist, das ihn relativ zu sich selbst als fließend wahrnimmt, geht keine Information über, sondern es gibt eine Kette von leicht voneinander abweichenden Informationen, die alle gleichzeitig vorliegen.

Durch den Effekt scheinbarer Lokalität, welcher für einen bewussten Beobachter dadurch entsteht, dass er sich selbst als Dekohärenzprozess in einer als *Raum* wahrgenommenen Ordnung den anderen Dekohärenzprozessen gegenüber sieht, ergibt sich ein Fluss der Gegenwart und der Eindruck von Bewegung sowie in deren Folge auch der von Zeit. Lokalität und Bewegung gehen somit der Konstruktion von Raum und Zeit bzw. Raumzeit voraus.

Wirklichkeit ist eine *mögliche Konstellation* von Information innerhalb des Geistes der Kohärenz. Sie ist keine Illusion per se, denn sie *existiert* als Informationskette unabhängig von unserer Erkenntnis, aber sie ist nicht *real* in dem Sinne, dass sie irgendetwas anderes enthielte als geistige, raum- und zeitlose Information.

Zeit erscheint nur für kognitive Prozesse (*Parmenides*: »Bewegung ist Illusion«, *Einstein*: »Zeit ist Illusion«), kognitive Prozesse gibt es nur in »Lebewesen«. Zeit erscheint somit nur für Lebewesen.

In der unbelebten Natur gibt es keine Zeit. Es gibt dort Prozesse, aber diese ereignen sich zeitlos in einer einzigen Gegenwart. Es gibt also in der unbelebten Natur keine Veränderung und keine Bewegung, somit auch keine »Geschwindigkeit« von Bewegungen.

In einem reißenden Gebirgsfluss ohne Fische darin und ohne Menschen am Ufer ist jedes Wassermolekül gleichzeitig an jedem Ort, an welchem es jemals in der gesamten Geschichte des Flusses gewesen sein wird. Befindet sich ein Fisch in dem Fluss, dann ist aus strukturell-holistischer Sicht auch jedes Molekül des Fisches an jedem Ort, an welchem es jemals gewesen sein wird, aber nicht aus der lokal-realistischen Sicht des Fisches. Aus dessen Sicht bewegen sich der Fluss und er selbst auch, denn der Fisch ist ein Prozess in Beziehung auf den Prozess des Flusses und den Gesamtprozess der Wirklichkeit.

Ohne Fisch gibt es nur die Beziehung zwischen Fluss und Wirklichkeit und keiner der beiden Prozesse ist kognitiv befähigt und könnte diese Beziehung wahrnehmen, also zeigt sich beiden keine zeitliche Dimension, sie sind zeitlos. Sie sind in der »ewigen Gegenwart«, im »ewigen Nu« von *Meister Eckhart*. Sie sind kohärente, geistige Information.

8. Lokalität erschafft Zeit

Um die Schöpfung verstehen zu können, ist es notwendig, die Zeit zu verstehen. (Meister Eckhart)

Die Kohärenz entspricht kosmologisch der *Singularität*, lokal-realistisch der *Zukunft* und theologisch *Gott*. In ihr sind alle möglichen Informationen gleichzeitig vorhanden, ohne zeitliche und räumliche Ordnung. Hier treffen Kosmologie, Quanten- und Informationstheorie und die Bibel (»*Am Anfang war das Wort und das Wort war bei Gott und Gott war das Wort.*«) aufeinander.

Durch die (Kor-)Relationen, die sich zwischen einzelnen Bit-Informationen innerhalb der Qubit-Struktur der Zukunft ergeben, berechnen sich nach Art von Kettenreaktionen *Prozesse*, da eine Korrelation jeweils schon die nächste anstößt. Wirklichkeit ist daher ein quantisierter Informations*fluss*. »Fluss« ist allerdings nur unter lokal-realistischen Bedingungen als etwas Bewegtes zu verstehen (siehe obiges Fisch-Gleichnis). Strukturell-holistisch betrachtet, ist es ein mathematisches Programm, eine Informationskette aus Bit-Information.

Die Natur ist quantisiert, weil Bit-Information quantisiert ist (d.h. portioniert in die kleinste Informationseinheit, das Bit). Die *Gegenwart* ist jeweils die aktuelle Wechselbeziehung zwischen zwei Qubit-Informationen, zwischen denen ein Bit fließt. Das Bit entspricht dem *Planck'schen Wirkungsquantum.* In der Gegenwart erfolgt der *Energieübergang,* d.h. die quantisierte, portionierte Energie- bzw. Informationsübertragung (*Quantensprung*).

Die Bit-Informationen werden von kognitiv-selbstreflexiv befähigten Prozessen, die selbst derselben Bit-Wirklichkeit angehören, als genauso »wirklich« wie sie selbst *wahrgenommen.* Die gegenwärtige Beziehungskonstellation von Bits erscheint den selbstreflexiven Prozessen relativ zu ihnen selbst in einer »räumlichen« Ordnung zu sein. Die räumliche Ordnung ist jedoch *ohne* bewussten Beobachter wiederum lediglich *Information über die Ordnung.*

Die Teile des Weltalls, welche z.B. noch nie von einem bewussten Beobachter *wahrgenommen* wurden, waren auch noch nie *wirklich,* also auch nicht *räumlich,* sondern sind pure geistige Information bzw. *Berechnung* oder *Programmierung* dieser entlegenen Räume. Sie würden erstmals dann *wirklich* werden, wenn ein bewusster Prozess aus demselben Programm (z.B. ein irdischer oder außerirdischer

Astronaut) sie wahrnehmen könnte, und sie wären dann ausschließlich *für diesen Astronauten* wirklich.

Astronauten und alle anderen kognitiv befähigten Prozesse nehmen sich selbst als *lokal* wahr. Auch der Fisch im vorhergehenden Beispiel nimmt sich als lokal wahr, allerdings auf einer unbewussten Ebene. Er reflektiert wohl kaum über sein Dasein in diesem Fluss, aber er muss sich wohl oder übel als lokal wahrnehmen, sonst könnte er in dem Fluss nicht überleben. Kognitive Prozesse wie der Fisch oder der Astronaut *können* entsprechend der Beschaffenheit ihrer sie selbst konstituierenden Information nur Prozesse wahrnehmen, die – den Erkenntnissen der Relativitätstheorie entsprechend – *gleichzeitig* mit ihrem eigenen Prozess erfolgen. Ein strukturell-holistischer Blick auf die Wirklichkeit ist ihnen mit ihrem kognitiven Apparat nicht möglich. Könnten sie alle Prozesse, die sich jemals ereignen, gleichzeitig beobachten, dann müssten sie außerhalb des Raumes stehen und würden keine Bewegung mehr differenzieren können und damit auch keine Zeit.

Ohne Standort im Raum löst sich Zeit auf. »Raum« und »Bewegung« folgen aus der Wahrnehmung von *Lokalität*. Wenn ein Beobachter in einem abfahrenden Zug sitzt, nimmt er dieselbe Bewegung wahr, wie wenn stattdessen der Gegenzug daneben abfährt. Fahren beide Züge gleichzeitig in dieselbe Richtung los, nimmt er keine Bewegung wahr und *bewegt sich auch nicht* in Relation zu dem anderen Zug, d.h. Bewegung ist immer *relativ* zu einer anderen.

9. Die Grenze der Wirklichkeit

Wirklichkeit ist Veränderung ohne Objekte. Wenn wir von Objekten ausgehen, kommt die Zeit durch die Hintertüre herein. (Hans-Peter Dürr)

»Zeit« ist die Folge von lokaler Bewegung und Bewegung gibt es nur in Relation zu einem anderen lokalen Prozess. Wenn sich nichts in Relation zu etwas anderem bewegt, kann auch keine Zeit wahrgenommen bzw. gemessen werden. Zeit und lokale Bewegung bedingen sich gegenseitig. Erfolgt die lokale Bewegung allerdings mit Lichtgeschwindigkeit, ist die Zeit für das mit Lichtgeschwindigkeit bewegte Objekt aufgehoben, es bleibt nur lokale Bewegung übrig. Zeit ist immer eine relative, lokale Größe. Sie ist die Differenz der Geschwindigkeit der Gesamt-Bewegung eines lokalen Prozesses zur Lichtgeschwindigkeit. Je schneller sich ein lokaler (d.h. dekohärenter) Prozess im Raum, besser: in der als Raum wirkenden Anordnung dekohärenter Prozesse verändert, desto weniger verändert er sich *als Prozess selbst.*

Je näher z.B. die Geschwindigkeit eines Raumschiffes (welches wie alles andere kein *Ding*, sondern ebenfalls ein *Prozess* ist) an die Lichtgeschwindigkeit herankommt, desto langsamer altern seine Passagiere (und das Schiff selbst). Die Fahrtrichtung ist hierbei nicht relevant, denn die Lichtgeschwindigkeit ist eine Expansionsgeschwindigkeit, die sich in alle Richtungen gleich auswirkt. Sie ist gleichzusetzen mit der Expansion des Raumes (d.h. der durch die Kettenreaktion der Dekohärenz vorangetriebenen Zunahme an Bit-Information).

Jede Bewegung eines dekohärenten Prozesses im Raum, die *nicht synchron* mit der Raumexpansion verläuft, ist der Zeitkomponente der Raumzeit unterworfen.

In der Wirklichkeit verlaufen *nur* die Expansionsbewegungen von Licht und anderen elektromagnetischen *Wellen* mit der Raumexpansion. Für alle anderen Prozesse gilt somit die Veränderung ihrer selbst in der Zeit. Die einzige Veränderung, die für elektromagnetische Wellen gilt, ist die Positionsveränderung ihrer Quantensysteme (Photonen) im Raum, die in Wahrheit der Informationsweiterleitung von masselosen Photonen-Bits entspricht. Diese können sich in sich selbst gar nicht verändern, weil sie nur ein einziges Bit an Information tragen, welches mit dem einzigen Bit des nächsten Photons korrespondiert.

»Materie« jedoch, bei der es sich um komplexe Prozesse massetragender Quantensysteme (mit einer atomaren bis molekularen Struktur aus vielen Bits und Higgs-»Teilchen«) handelt, welche niemals Lichtgeschwindigkeit erreichen können, ist immer dadurch gekennzeichnet, dass sie sich nicht nur weit unter Lichtgeschwindigkeit *im Raum* verändert (d.h. *bewegt*), sondern sich auch als energetischer Prozess *in sich* verändert, d.h. unter Energietransfer ständig neue (andere oder auch wieder gleichartige) Atome und Moleküle bildet, die sich in jeder Gegenwart mehr oder weniger (je nach statistisch geltender Wahrscheinlichkeit bzw. geltendem *Naturgesetz*) anders anordnen, was uns als Veränderung in der Zeit imponiert oder als *Alterung*.

10. Indeterminismus, Probabilität und Statistik

Jedenfalls bin ich überzeugt, dass der Alte nicht würfelt. (Albert Einstein)

Hören Sie auf, dem Herrgott Vorschriften zu machen. (Niels Bohr)

»Der Alte würfelt« eben doch, aber die Würfel sind winzig klein und nicht ihr einzelnes Ergebnis bestimmt direkt die Wirklichkeit (wie etwa beim »Mensch ärgere dich nicht«), sondern die *Statistik* ihrer Ergebnisse. Die Prozesse der Wirklichkeit sind nicht rein zufällig, aber auch nicht *genau* vorherbestimmt, sondern nur *wahrscheinlich* und *im subatomaren Bereich im Einzelfall* dem Quantenzufall unterworfen.

Welches »Teilchen« z.B. durch welchen Spalt geht, ist *rein zufällig*, aber die Muster, die dahinter von den Teilchen auf den Detektorschirmen gebildet werden, sind statistisch ungefähr vorhersagbar. Die Interferenzmuster, welche die *wahrscheinlichen* Wege der »Teilchen« abbilden, sehen alle etwa so aus wie die Vorhangbilder von *Gerhard Richter.* Sie stellen gewissermaßen den Vorhang vor der Wirklichkeit dar. Physikalisch entsprechen sie natürlich den Verstärkungen und Auslöschungen von sich überlagernden Wellenmustern.

D.h. im Mikrokosmos regiert *im Einzelfall* der Zufall, im Makrokosmos haben wir es (vgl. Glockenkurve der statistischen Normalverteilung) mit einigermaßen berechenbaren Wahrscheinlichkeitsverteilungen bis hin zu Gesetzmäßigkeiten (»Naturgesetzen«) zu tun.

Als Gleichnis kann hier der Ameisenhaufen von *Hans-Peter Dürr* angeführt werden: Der Weg der einzelnen Ameise ist unberechenbar und von unzähligen Imponderabilien abhängig, die der Ameise natürlich keineswegs bewusst sind. Insgesamt aber – im Makrokosmos des Ameisenhaufens – behält der parabelförmige Haufen seine Form stets bei, dafür sorgen die biologischen »Verhaltensgesetze« der einzelnen Ameisen, die den statistischen »Naturgesetzen« der unbelebten Natur vergleichbar sind.

Diese Naturgesetze sind nichts anderes als statistisch ausgemittelte Wahrscheinlichkeiten, die dann als *emergente* Ordnungsprinzipien rückwirken, wie das *Auftauchen* eines Flussbettes aus dem Boden unter einer Unzahl zunächst ungeordnet und im Einzelfall »rein zufällig« fließender Wassertropfen.

Die unzähligen kleinen Würfel des Alten stehen genauso zueinander in einer probabilistischen Beziehung (d.h. in einer Wahrscheinlichkeits-Relation), sie sind nicht völlig unabhängig voneinander. Sie ergeben, so wie die Wassertropfen im Sandboden ein Flussbett ergeben, im Datenfluss der Wirklichkeit ein Regelwerk von Naturgesetzen.

Die Welt im nächsten Augenblick ist immer die nach diesen Naturgesetzen wahrscheinlichste Welt (wenn nicht durch bewusste Prozesse absichtlich eingegriffen wird). Im Mikrokosmos regiert der Zufall, in unserer makrokosmischen Wirklichkeit die Statistik, d.h. die Wahrscheinlichkeit und manchmal eben auch der Zufall, wenn keine Wahrscheinlichkeit berechenbar ist. Am Beispiel des Chaospendels von *Hans-Peter Dürr* wird deutlich, dass die Bewegungen eines Systems, welches mehrere Instabilitäten aufweist (wie das Pendel mit mehreren freischwingenden Pendelachsen), nicht berechenbar und somit zufällig sind.

Der Zufall in der mikrokosmischen Quantenwelt wird in der makrokosmischen Wirklichkeit *weitgehend* statistisch herausgemittelt, weil jeder makrokosmische Prozess ein Produkt aus unzähligen mikrokosmischen Prozessen ist.

Einstein wollte noch an *keinerlei* Zufall in der Natur glauben, es sollte *jede* Wirkung auch ihre ganz spezielle Ursache haben. Gleichzeitig war es aber auch er, der die *Relativität* als Grundprinzip der *Wirklichkeit* entdeckt hatte. Unter dem holistischen Blickwinkel der Quantenphysik, wonach es keine »Teile« von irgendetwas gibt, sondern immer nur das Ganze, bedeutet dieses Prinzip immer die Relativität des Ganzen zu sich selbst, zu seinen möglichen Anordnungen.

D.h. die verschiedenen Erscheinungsformen von Möglichkeit und Wirklichkeit sind immer Erscheinungsformen desselben einen Ganzen und ergänzen sich *immer* zu diesem einen Ganzen, weshalb sie *immer* zueinander in Relation stehen: Möglichkeit ist relativ zu Wirklichkeit (je mehr Wirklichkeit, desto weniger Möglichkeit), Raum und Zeit sind relativ zu Lokalität und Bewegung und zueinander. Alles existiert nur im Vergleich zu seiner komplementären Erscheinungsform. *Relativität* bedeutet unter quantentheoretischen Aspekten nichts anderes als *Komplementarität*.

11. Nicht nur Zeit ist relativ

Zeit ist ein Konstrukt, das ich mir gemacht habe, um Veränderung als Bewegung von etwas Existierendem zu verstehen. Es existiert aber nichts. Der Baustein ist Veränderung. Es bleibt nur die eine Frage übrig: Was passiert? (Hans-Peter Dürr)

Raum und Zeit sind zwei Seiten einer Medaille, ineinander überführbar, komplementär, sie ergänzen sich zur Raumzeit. Je schneller ich mich im Raum bewege, desto langsamer vergeht meine Zeit. Bewege ich mich maximal schnell in der räumlichen Dimension, erlischt die Dimension »Zeit« komplett. Sie ist im quantentheoretischen Sinn komplementär zu den drei Raumdimensionen, da sie einerseits den räumlichen Dimensionen entgegengesetzt ist, andererseits alle vier Dimensionen zusammen das Ganze sind.

Raum, Zeit und Geschwindigkeit sind allesamt *Hilfsbegriffe der klassischen Physik*, die sich die Welt anhand der messbaren Wirklichkeit erklären möchte. Sie untersucht in lokal-realistischer Herangehensweise die Naturgesetze in der Annahme, dass die gesamte »Welt« raumzeitlich-materiell organisiert sei, und kommt dabei mit der Lichtgeschwindigkeit an eine absolute Grenze. Die Relativitätstheorie, die als »letzte Erkenntnis« der *klassischen* Physik ein geschwindigkeitsabhängiges Ineinander-Verschieben von Raum und Zeit belegt, kann als Indiz dafür gelten, dass in der Wirklichkeit alles miteinander in Relation steht, kein *Einzelnes* mit eigenen (intrinsischen) Eigenschaften existiert.

Relativität musste *deshalb* als Endergebnis der klassischen Physik gefunden werden, weil es immer nur um Metamorphosen des einen Seienden geht, nie um absolutes Werden und Vergehen. »Das Nichtseiende ist nicht«, wohin sollte etwas vergehen? Es gibt immer nur das Eine, darüber hinaus nichts, das werden und vergehen könnte. Das Eine besteht aber paradoxerweise aus Möglichkeit *und* Wirklichkeit, weil diese sich gegenseitig zum Einen ergänzen (*contraria complementa, Niels Bohr*).

In der aus Sicht der Wirklichkeit transzendenten Welt der Möglichkeit (d.h. der Qubits, der Zukunft, der Kohärenz, der Singularität, des »Alten«) wird mit verschränkten Würfeln gewürfelt, d.h. die flüchtige Umwandlung von Qubit- zu Bit-Information erfolgt einerseits *probabilistisch* (nach *Wahrscheinlichkeit*) und *indeterministisch* (ohne genaue Vorherbestimmung), andererseits gelegentlich auch *völlig zufäl-*

lig, wenn keine Wahrscheinlichkeit überwiegt. Die Würfel fallen aber statistisch gesehen nicht isoliert voneinander in völlige Unbestimmtheit hinein, sondern bauen komplementär auf dem vorhergehenden Dekohärenzprozess auf und sind somit darauf programmiert, die Ergebnisse der anderen Würfel mit zu berücksichtigen. Der Wassertropfen muss schließlich dem Flussbett folgen, das die anderen Wassertropfen gebildet haben.

Die Korrelation der Würfel mit ihren vorangegangenen Ergebnissen entspricht den Wahrscheinlichkeiten für die Verwirklichung von Möglichkeiten. Daraus entstehen im Laufe der ständigen Neuschöpfung der Wirklichkeit emergent die Naturgesetze und damit die Richtung der laufenden Neuschöpfung, die über die »unbelebte« Natur bis hin zu lebendigen, selbstreflexiven und kognitiv befähigten, bewussten Prozessen führt.

Wenn in der *Unwirklichkeit* der Zukunft eine *Möglichkeit* besteht (z.B. dass in der folgenden Nacht der dekohärenten irdischen *Wirklichkeit* die Titanic auf einen Eisberg läuft) und diese Möglichkeit dann aufgrund ihrer hohen Wahrscheinlichkeit tatsächlich vom Bit-Datenfluss berechnet wird und somit für die Betroffenen als Verwirklichung abläuft, dann sind umgehend viele darauf folgende Möglichkeiten, die bis dahin sehr wahrscheinlich waren (dass die Titanic bis New York über Wasser bleibt, dass die Dritte-Klasse-Passagiere überleben und später in Amerika Familien gründen etc.) sehr stark limitiert bis unmöglich.

Das bedeutet, *unwirkliche Möglichkeit* und *Wirklichkeit* (ver*wirk*te Möglichkeit) stehen genauso in Relation zueinander bzw. sind genauso komplementär wie Raum und Zeit. Summarisch bedeutet mehr Wirklichkeit immer weniger Möglichkeit. Mehr Bits bedeuten zwar nicht weniger Qubits, aber weniger *Möglichkeiten* für die Qubit-Struktur, Bit-Prozesse zu gestalten.

Denn genauso wenig wie die Titanic nach der Kollision mit dem Eisberg aufgrund der Naturgesetze schwimmend nach New York kommen *kann, kann* es etwa aufgrund der Naturgesetze Eisberge in der Sahara geben. Die Naturgesetze, die nichts anderes sind als makrokosmische Ausmittelungen von mikrokosmischen Wahrscheinlichkeiten, bilden sozusagen das Daten-Flussbett für die verbleibenden Möglichkeiten nach jeder Verwirklichung und sind damit die Voraussetzung für Kausalität. *Weil* fünf Abteilungen der Titanic geflutet werden, muss sie sinken. *Weil* es in der Sahara heiß ist, gibt es dort kein Eis. *Kausalität* ist auch *Relativität*. Jede *Wirklichkeit* ist relativ zu ihrer Möglichkeit, jede *Wirkung* relativ zu ihrer Ursache.

Relativität ist *deshalb* sowohl das Grundprinzip *innerhalb* der Wirklichkeit als auch das Prinzip des *Zusammenspiels* von *Unwirklichkeit und Wirklichkeit*, weil es schlicht kein anderes Prinzip geben *kann*, wenn *alles Eins* ist.

Wenn alles Eins ist, wenn es keine Teile von etwas gibt, wenn es nur *die* (Informations-)Struktur gibt, *den* Geist, dann *muss* alles durch *Anordnungen* dieses einen Geistes entstehen, die miteinander in Beziehung stehen, also durch *Beziehung* des Geistes *zu sich selbst*.

Der Geist kann in seiner Erscheinungsform *als Bit-Information* unendlich viele Anordnungen annehmen, deren eine als Raum oder Zeit und deren andere als Energie oder Materie erscheinen. Deshalb müssen alle uns begegnenden Anordnungen der *Wirklichkeit* ineinander überführbar sein, wie *Einstein* dies für Raum und Zeit, Energie und Materie, Gravitation und Beschleunigung gezeigt hat.

In seiner kohärenten Erscheinungsform als *Qubit-Information* kann der Geist zum einen unendliche *Möglichkeiten* bereithalten, die wiederum in Beziehung bzw. Relation stehen mit der Wirklichkeit, weil Möglichkeit und Wirklichkeit eben nur *miteinander* als ein Gegensätzlich-Ganzes existieren können (Möglichkeit ohne Wirklichkeit ist keine Möglichkeit und Wirklichkeit ohne Möglichkeit ist unmöglich).

Das Prinzip unserer »Realität« ist daher *Relativität.* Diese *existiert nicht* im Sinne von eigenem Sein, sie ist ja per definitionem nichts Eigenes und daher nicht fundamental existent, sondern *sie ergibt sich* aus dem einzigen, was in Wahrheit ist: aus der Struktur der Zukunft, aus dem *Geist.*

12. Geistes Kinder

Wenn Dreiecke einen Gott hätten, würden sie ihn mit drei Ecken ausstatten. (Montesquieu)

Ein *bewusster* Schöpfergeist, der gezielt und planmäßig vorgeht, wird damit eher unwahrscheinlich, wenn auch der Evolution im lokal-realistischen Rückblick eine Entelechie bzw. Teleologie inhärent zu sein scheint (vgl. *Thomas Nagel*). Das *Programm der Wirklichkeit* ist, abgesehen von dieser teleologischen Inhärenz, die nicht inhaltlich, aber in ihrer Funktionsweise auf das Wahrscheinlichkeitsprinzip zurückgeführt werden kann, selbststeuernd, lernfähig und offen.

Die Wirklichkeit ereignet sich aus der *unbestimmten* Potenzialität der Kohärenz heraus. Die Zukunft als Schöpfergeist ist innerhalb der von ihr selbst gesetzten Schranken der Wahrscheinlichkeiten und Naturgesetze weitgehend unbestimmt und *nicht determiniert*. Sie ist in jedem Augenblick ihre eigene Schöpferin.

Ob der Schöpfergeist *pantheistisch innerhalb* oder *theistisch außerhalb* seiner Schöpfung zu verorten ist, ob die Schöpfung sich selbst laufend neu kreiert oder von irgendwo außerhalb geschaffen wird, ist aus quantenphilosophischer Sicht eine müßige Betrachtung. Die Vorstellung von Lokalität, von innen und außen, ist quanten-metaphysisch naiv und entspricht unserem lokalen Alltagsrealismus.

Lokalität und Zeitlichkeit sind, wie oben dargestellt, dekohärente Scheinphänomene. Ein »Außerhalb« des einzig existierenden, kohärenten Ganzen existiert nicht, da sich das kohärente Ganze nicht in einem Raum befindet, sondern die Raumzeit gewissermaßen produziert, also selbst nicht innerhalb der Raumzeit ist. Ein Außerhalb von außerhalb der Raumzeit, ein dennoch irgendwie externer »Programmierer«, ein »Demiurg« wie in *Platons* ›Timaios‹, der das selbststeuernde Programm geschaffen hat, welches dann autopoietisch den Cyberspace der Wirklichkeit entstehen lässt, kann zwar »von innerhalb der Raumzeit« weder widerlegt noch bewiesen werden, jedoch ist die Kreativität und Plastizität der Qubit-Information des *Programms Zukunft* selbst so enorm, dass es als sein eigener Schöpfer plausibler ist und noch dazu ontologisch sparsamer. Ein Geist, der wieder einen Geist kreiert, der dann die Wirklichkeit erschafft, wäre metaphysisch redundant (vgl. *Ockham*).

Der Schöpfergeist ist also wohl identisch mit der kohärenten Information, der sogenannten »Zukunft«, die neben der Tendenz zur Dekohärenz auch deren probabilistische Programmierung enthält. Sie ist ein unerschöpflicher Pool von Möglichkeiten, die sich mittels Datenfluss verwirklichen können. Die Verwirklichungen erfolgen durch Datenprozesse, die sich aufgrund der probabilistischen Gesetze bzw. Naturgesetze auf ein *ungefähres Ziel* entwickeln, ohne den Weg dahin zu kennen. Sie erfolgen sozusagen *unbewusst oder unter*bewusst.

Der Schöpfergeist ist einem kreativen Chaos, einem *Unter*bewusstsein vergleichbar, welches sich in den dekohärenten Prozessen zu ordnen und in den bewussten Prozessen (auf der Erde ist dies bisher der Mensch) zu »erwachen« versucht (vgl. *Spinoza*). Da Bewusstsein ein Prozess ist, kann es sich nur in der Dekohärenz *ereignen* und nicht in der zeitlosen Kohärenz.

Bewusstsein ist der laufende Abgleich der dekohärenten Wirklichkeit mit sich selbst, mit einem ihrer kognitiven Prozesse. Im kohärenten Schöpfergeist der Zukunft ist alles »gleichzeitig« vorhanden und daher unbestimmt, unbewusst und unentschieden.

Erst die *Dekohärenz*, das Programm zur Entscheidung des Unentschiedenen, schafft Eindeutigkeit aus Mehrdeutigkeit. Die eindeutigen Prozesse, die von der Dekohärenz in Gang gesetzt werden, entwickeln sich nach den »Wahrscheinlichkeits-Würfelgesetzen« bis hin zu kognitiv befähigten »Lebewesen« (besser: Lebensprozessen), die jedoch stets von derselben *Wirk*lichkeit be*wirkt* werden wie die restliche »unbelebte« Wirklichkeit und die sich deshalb auch niemals als vermeintliche *Subjekte* aus dieser Wirklichkeit herauslösen können. Ein cartesischer Dualismus, wonach sich die unbewusste Natur (»res extensa«) durch eine »res cogitans« objektiv beobachten ließe, ist nicht möglich. »Res« existieren überhaupt nicht und der »processus cogitans« ist mit dem »processus extensus« identisch.

13. Geist ist kreatives Chaos

Alles Vergängliche / Ist nur ein Gleichnis; / Das Unzulängliche / Hier wird's Ereignis; / Das Unbeschreibliche, / Hier ist's getan; / Das Ewig-Weibliche / Zieht uns hinan. (Goethe)

»Unbelebte Natur« und »Leben« werden durch denselben Datenfluss bewirkt, die Wirklichkeit ist selbst »lebendig«. Der Datenfluss selbst, das Prozesshafte, ist das Lebendige. Leben ist somit fundamentaler als Materie (*Hans-Peter Dürr*). Die gesamte Wirklichkeit »lebt«. Sie ist ein instabiler und damit lebendiger Datenfluss im Beziehungsgeflecht der Qubit-Struktur.

Wirklichkeit ist instabil und lebendig, weil sie *nur aus Veränderungsprozessen* von Qubit-*Beziehungen* besteht. Was wir biologisch unter »Leben« verstehen, ist nur eine besonders komplexe Phase der Wirklichkeit, die durch synergetisch aufeinander abgestimmte Systeme von Prozessen gekennzeichnet ist.

Jede Gegenwart ist eine Neuschöpfung der Wirklichkeit. Wir können uns aus der Wirklichkeit nicht herauslösen, da sie ohne uns nicht in der von uns wahrgenommenen Ordnung existiert. Wir beobachten uns selbst, wenn wir die Wirklichkeit betrachten. Wir spielen nicht nur eine Rolle in der Wirklichkeit. Wir *sind* diese wirkliche Welt. Wir sind auch nicht *Teil* der Welt, denn *es gibt keine Teile* in der kohärenten Quantenstruktur. Jeder von uns *ist* diese Welt und keiner ist wahrhaft getrennt vom Anderen *und* von der Welt. Die Kohärenz umfasst alle und alles. Subjektivität und Individualität sind Illusionen. Es gibt nur eines: das Seiende, die kohärente Information, den Geist, dessen Teilhabende wir sind.

Geist und Bewusstsein sind konträre Begriffe: Geist ist zeitlos und Bewusstsein ist ein zeitabhängiger Prozess. Geist ist kreatives Chaos ohne zeitliche und räumliche Ordnung. Das Wort »Geist« bedeutet ursprünglich (indogermanisch: *gheis*) *erschauern, ergriffen sein, aufgeregt sein.* In der Begeisterung klingt das heute noch an, ansonsten wird Geist überwiegend mit Intellektualität oder Bewusstsein gleichgesetzt (geistreich, geistvoll, hochgeistig), was geradezu das Gegenteil ist.

Geist war ursprünglich ein Gemütszustand, kein intellektueller Prozess wie denken, rechnen, sprechen oder sich einer Sache bewusst sein. Geist ist die zeitlose, kohärente Wurzel von Bewusstsein, sein ursprünglicher Auslöser. Der Gemütszustand des Ergriffenseins und Erschauerns erzeugt erst das Bedürfnis, sich darüber mitzuteilen, nachzuforschen, was dahinter steckt.

»Inspiration« durch den Geist wird filmisch dargestellt durch den mysteriösen Monolithen in Stanley Kubricks *2001 – Odyssee im Weltraum*. Die Primaten, die bislang *unbewusst* lebten, lässt er erschauern, aufgeregt schnattern und fühlen (zumindest einen von ihnen), dass es etwas *Höheres* gibt. Dies bedeutet im Film den Beginn von Intelligenzentwicklung, weil der inspirierte Urmensch ab diesem Moment zu reflektieren beginnt, sich seiner individuellen Begrenztheit *bewusst* wird und darüber hinauswachsen will.

Die Funktion des Monolithen, der im Science-Fiction-Film von einer externen, göttlichen Intelligenz aufgestellt wurde, haben in der menschlichen Wirklichkeit andere Träger inne. Die Monolithen des Schöpfergeistes stehen nicht plötzlich in der Landschaft, sondern haben sich gemeinsam mit dem menschlichen Bewusstsein entwickelt. Sie sind aus dem Bedürfnis entstanden, dem Geist nahe zu sein, und mit ihrer Hilfe kann es passieren, dass er sich *zeigt*, denn *bewusst* herbeiführen lässt er sich nicht. *Kunst* ist hier an erster Stelle zu nennen. *Musik*, aber auch die anderen Kunstformen können den Schauer und die unbewusste *Ahnung* von Geist in uns auslösen. Auch das reine Naturerleben vermag das, auch die Erkenntnis von *Schönheit.* »Schönheit ist das Durchleuchten des ewigen Glanzes des *Einen* durch die materielle Erscheinung« (*Plotin*). *Meditation* ist ein weiterer Weg, sich dem Geist zu nähern, jede Art von mystischer Erfahrung ist solch ein Weg. Geist ist unaussprechlich. »Wovon man nicht sprechen kann, darüber muss man schweigen.« – »Es gibt allerdings Unaussprechliches. Dies *zeigt sich*, es ist das Mystische.« (*Ludwig Wittgenstein*)

Bewusstsein ist ein *Prozess* und damit der dekohärenten Wirklichkeit vorbehalten. Geist hingegen beinhaltet alle Kreativität auf einmal. Er ist reine Möglichkeit. Geist ist nichtlokal und zeitlos. Geist ist »die Zukunft« und lässt als *Potenzialität* in der Gegenwart die Wirklichkeit *erscheinen* (die immer die gegenwärtig möglichste Möglichkeit darstellt). In der Wirklichkeit *drückt sich Geist aus,* sie ist sein Ausdruck, sein Printer, sein Monitor. Für die Wahrheit genommen, d.h. *wahrgenommen* werden kann die Wirklichkeit nur durch ihre eigenen kognitiven, biologisch lebendigen Prozesse.

Bewusstsein ist der dekohärente *Empfänger* von Wirklichkeit, der Empfänger des Ausdrucks von Geist. Das menschliche *Gehirn*, das genauso wie alles in der Wirklichkeit ein *Prozess* ist, ist kein Produzent von Geist, sondern ein *Empfänger* von Geist. Bewusstsein entsteht im Gehirn durch den fortlaufenden selbstreflexiven Abgleich neuronaler Sinneseindrücke (also von Mitteilungen der Wirklichkeit an sich selbst) im Rahmen des kognitiven Prozesses und des Prozesses, den wir biologisch »Leben« nennen.

Bewusstsein ist daher selbst ein Prozess und deshalb auch nur in der raumzeitlichen Wirklichkeit möglich. Geist hingegen ist *jenseits* von Raum und Zeit, *jenseits* der Wirklichkeit. Geist ist kein Prozess. Geist ist die zeitlose (»ewige«) Wahrheit *hinter* der Natur, die Kohärenz von allen und allem, das einzig wahrhaft *Existierende*.

Bewusstsein als dekohärenter Bit-Prozess kann den Bit-Datenfluss der *Wirklichkeit* wahrnehmen, nicht aber das, was hinter der Wirklichkeit steckt (die Kohärenz aus zustandsüberlagerten und verschränkten Qubits).

Ahnungen bzw. unterbewusste Empfindungen wie etwa *Empathie* oder der *Gemeinsinn* des »Einzelnen« sind Verbindungen der dekohärenten, kognitiven Prozesse zur Kohärenz. Ratio, Logik, Denken und Sprache hingegen sind prozesshafte, bewusste und damit dekohärente Wege der Entscheidungsfindung und sind konträr und komplementär zur stets unentschiedenen Kohärenz. Sie sind umso weniger geeignet, *Geist* zu verstehen, je analytischer und antagonistischer sie benutzt werden. Geist ist schließlich kohärent und Kohärenz bedeutet den ganz großen Zusammenhang. Die wissenschaftliche Denkrichtung im materialistischen Zeitalter ist auf Analyse gerichtet, auf Verifizierung und Falsifizierung von einzelnen Details, der Zusammenhang geht dabei aufgrund der überbordenden Komplexität verloren.

Bildung wird zunehmend als Fachwissen verstanden, bzw. als »Kompetenzen«. Geist ist aber mehr im Gesamtkontext zu finden, in Zusammenhängen. Zusammenhänge im Sinne von Relationen können aber auch zwischen vermeintlich konträren Fakten gegeben sein.

Dem rationalen Bewusstsein erscheint das gleichzeitige Vorhandensein verschiedener Möglichkeiten *paradox* zu sein. A kann nicht A und gleichzeitig B sein. Rationalität beruht auf lokal-realistischem, antagonistischem Denken: Nur *eine* Möglichkeit kann wahr sein, die andere muss falsch sein. Der Pfeil des *Zeno* muss fliegen, sonst würde er in der Luft stehenbleiben, was offenkundig nicht der Fall ist.

Die »Quantenlogik« der Kohärenz besagt hingegen: Mehrere Möglichkeiten können gleichzeitig wahr sein, allerdings nicht unter dem lokal-realistischen Blickwinkel. Daher kann Einheit zugleich Vielheit sein und Stillstand kann Bewegung bedeuten. Sie stellen jeweils kein eigenes Seiendes dar, sondern sind durch die Wahrnehmung animierte Relationen des einen Seienden.

Die einzelnen Gegenwarten des Pfeiles stellen sich nur dem lokalen Betrachter als animierter Zeitablauf dar. Objektiv ist der Pfeil in allen Phasen seiner Flugbahn gleichzeitig. Aus unserer lokal-realistischen Perspektive fliegt er aber zweifellos und kann uns sogar umbringen. Aus quantenlogischer, strukturell-holistischer Sicht fließt nur unsichtbare und zeitlose Information, sie ist an keinem »Ort« und auch wir und unser Tod sind nur Information und finden nicht an einem »Ort« und nicht zu irgendeiner »Zeit« statt. Jede Information aber ist, weil zeitlos, unvergänglich.

Die Quantenlogik ist ein Teil der theoretischen Grundlagenforschung der Quantenmechanik, in ihr gilt im Gegensatz zur klassischen Aussagenlogik das »tertium non datur« *nicht*. Ein Ganzes kann zugleich unteilbar und dennoch strukturiert sein, Schein und Sein müssen sich nicht ausschließen, sondern bedingen sich gegenseitig, sie sind »komplementär«. *Carl Friedrich von Weizsäcker* forderte bereits 1955, den von *Niels Bohr* geprägten Begriff der Komplementarität als einen Grundbegriff der Logik aufzufassen.

Der Quantenlogik kommt eine umwälzende Bedeutung für die Philosophie zu. Alle Paradoxien in der Philosophie sind letztlich auf die zweiwertige, aristotelische Logik zurückzuführen. Diese kann durch die mehrwertige, komplementäre Quantenlogik abgelöst werden.

»Während das klassische Bit nur entweder die Werte 0 oder 1 annehmen kann, existiert ein Quantenbit, Qubit genannt, in einer Superposition von 0 oder 1. Genauso, wie für ein Teilchen, das durch einen Doppelspalt geht, nicht festgelegt ist, welchen Spalt es passiert, nimmt ein Quantenbit quasi die beiden Zustände 0 und 1 gleichzeitig ein.« *(Anton Zeilinger)*

Werner Heisenberg schreibt dazu in ›Physik und Philosophie‹: »In der Quantentheorie muss offenbar dieses Gesetz »tertium non datur« abgeändert werden. [...] von Weizsäcker schlägt vor, die klassische Logik in ähnlicher Weise als ›a priori‹ zur Quantenlogik zu betrachten, wie die klassische Physik ein a priori für die Quantentheorie darstellt. Die klassische Logik würde dann als eine Art Grenzfall in der Quantenlogik enthalten sein, aber die letztere würde doch das allgemeinere logische Schema darstellen.«

14. Das Unveränderliche schlägt Wellen

Wirklichkeit und Information sind dasselbe.
(Anton Zeilinger)

Eine philosophische Grundfrage, welche die Vorsokratiker bereits kontrovers diskutierten: »*Ist die Welt in Wahrheit unveränderlich oder ein ständiger Fluss?*«, ist mit der Quantenlogik so zu beantworten: Beide Annahmen sind richtig. Je nachdem, was wir als »Welt« ansehen, hat entweder *Parmenides* Recht (*Bewegung ist Illusion*) oder *Heraklit* (*panta rhei*). Die Kohärenz als *Ursprung* der Wirklichkeit ist in der Tat unveränderlich, da sie außerhalb der Raumzeit steht. Somit *kann* sie sich gar nicht verändern. Sie ist unveränderlich, aber sie *ermöglicht* die *Erscheinung* der Welt, sie ist also unveränderlich und kreativ zugleich. Die uns gemeinhin als »Welt« imponierende *Wirklichkeit* ist hingegen als Daten*fluss* ein fortwährender *Prozess*, aber eben nur ein *Schein*prozess, ein Film, den nur wir selbst sehen und der in Wahrheit nichts verändert.

Was uns als beweglicher und veränderlicher Lauf der »Dinge« erscheint (einschließlich uns selbst), ist flüchtige Spiegelung von zeitlos-»ewiger« Information, die hinter dem Spiegel der Dekohärenz bzw. der Gegenwart statisch ist. Die statische, polyvalente Qubit-Information der Zukunft stellt nur die *Möglichkeit* für den Datenfluss der Bit-Information bereit, analog Hard- und Software, die sich selbst nicht verändern. Die veränderlichen Bilder ereignen sich auf dem Monitor, der aber als *Eigenschaft* der Hardware aufzufassen ist und nicht als *eigenes Seiendes* (vgl. *Spinoza*). Der Monitor ist *die* Eigenschaft des Ganzen, die es der Erkenntnis zugänglich macht.

Die Unveränderlichkeit der kohärenten Qubit-Information können wir mit unserem dekohärenten und prozesshaften Verstand nicht erfassen. Gemäß dessen überlebenswichtiger, lokal-realistischer Funktion muss alles räumlich und zeitlich angeordnet und somit veränderlich sein.

Dass hinter den veränderlichen Erscheinungen zeitlose (zum besseren Verständnis: »gleichzeitig« vorhandene) Informationen stecken, die wie in einer Computerdatei alles beinhalten, was in der Zeitlichkeit jeweils nacheinander zum Aus*druck* kommt, kann unser analog arbeitender Verstand nicht ohne weiteres verarbeiten.

Der berühmte Dissens zwischen *Einstein* und *Bohr*, die Unvereinbarkeit von Relativitäts- und Quantentheorie, ist die wissenschaftliche Fortsetzung des vorwissenschaftlichen, vorsokratischen Streits zwischen *Heraklit* und *Parmenides* vor ca. 2500 Jahren: *Einsteins* Theorie beschreibt wie *Heraklits »panta rhei«* die dekohärente, lokale *Wirklichkeit* und *Bohrs* und *Heisenbergs* Quantentheorie die kohärente *Wahrheit (Parmenides: »aletheia«) dahinter*, die aus Sicht der lokal-realistischen Wahrnehmung *(Parmenides: »doxa«)* als paradox erscheint.

Obwohl *Einstein* erkannte, dass in der Struktur der Wirklichkeit vieles ineinander überführbar ist (Masse in Energie, Raum in Zeit, Gravitation in Beschleunigung), und obwohl er die *Zeit* bereits als *hartnäckige Illusion* bezeichnet hatte, konnte er den Schritt zur Annahme eines von den Naturgesetzen unabhängigen »spukhaften« Ursprungs dieser Wirklichkeit und deren vermeintliche Degradierung zu einer von Zufallsstatistik regierten, indeterministischen und dimensionslosen *Scheinrealität* nicht mitmachen.

Materie kann nach der Relativitätstheorie zwar in Energie transformiert werden ($E = mc^2$), aber Energie noch nicht in Information. Doch auch zwischen diesen beiden besteht eine Äquivalenz, welche die Quantenphysik nahelegt (vgl. *Doppelspaltexperiment*, in dem Teilchen aus Wahrscheinlichkeit entstehen) und die auch von der Informations- bzw. Wahrscheinlichkeitstheorie (vgl. *Ur-Theorie, von Weizsäcker*) postuliert wurde. Die aktuelle quantenphysikalische Forschung von *Anton Zeilinger* in Wien beweist gerade die *Äquivalenz von Information und Wirklichkeit.*

Radiowellen sind bereits ein Hinweis darauf, dass gesendete, immaterielle Information in einem Empfangs-Prozess zu materiellen Antworten transformiert werden kann. Der menschliche, kognitive Prozess arbeitet ähnlich. Energie bzw. Information katalysiert in beiden Fällen einen Antwort-Prozess. Beim menschlichen Auge werden Lichtwellen/-teilchen zu Bildern transformiert, beim Gehör sind es keine *elektromagnetischen* Wellen, sondern Luftschwingungen und noch mechanistischer wird es beim Tastsinn, bei dem mechanischer Druck registriert wird und nicht ankommende Information. Oder eben doch – *alles ist Information und alles ist auch Energie:* die Radiowellen, die Lichtwellen, die Schallwellen, die Bewegungen der »Materie«.

Das materialistische Paradigma, welches seit der Renaissance unser Weltbild bestimmt, hat eigentlich mit den Erkenntnissen der Quantenphysik ausgedient. Es hat der Naturwissenschaft einen epochalen Aufschwung beschert und die rationale Aufklärung des Menschen befördert, ist aber durch eben diese aufgeklärte Naturwissenschaft mit der Entdeckung der Quantentheorie an seine eigenen Grenzen gestoßen. Materie existiert demnach nicht, sie ist nicht aus Materie aufgebaut, sondern aus unteilbar verschränkter, dimensionsloser Information. Alle materiell erscheinenden Objekte mit all ihren Wirkungen sind in Wahrheit ein geistiges Rechenprogramm, das all diese Wirkungen ausrechnet.

Es gibt, wenn man sich »Objekte« oder »Lebewesen« immer kleiner zerteilt denkt, keine materielle Individualität, keine Separabilität und keine Lokalität, nichts Einzelnes, sondern nur eine Beziehungsstruktur von Bit-Information.

Ein Hund z.B. ist ein komplexer Prozess von Quantensystemen, die allesamt aus Bit-Daten bestehen und miteinander in der Weise kooperieren, die aus der Biologie und Biochemie bekannt ist. Der Hunde-Prozess steht in ständiger Kooperation, d.h. im Informations-/Energieaustausch mit der »Umwelt«, die nicht von ihm separabel ist.

Wenn ein Hund im Auto mitgenommen wird und aus dem Fenster schaut, erkennt er im dichtesten Verkehrsgewühl den anderen Hund am Straßenrand, er erkennt *seine* Hundewirklichkeit. Der Hund ist ohne die »anderen Hunde«, ohne Menschen und Bäume mit Geruchsinformationen nicht vollständig, genauso wenig wie ein Specht ohne Bäume einen Sinn ergäbe.

Die Wirklichkeit ist schon im sichtbaren Bereich ein Beziehungsgeflecht (bis hin zu der Entstehungsweise von Leben aus Beziehungen). Im Kleineren setzt sich die Beziehungsstruktur fort: Jeder »Organismus«, der nicht als System von »Organen«, also Objekten, sondern von ineinandergreifenden Prozessen zu konzipieren ist, funktioniert durch die Beziehung von Bit-Prozessen zueinander (vergleichbar einem in Bit-Programmiersprache verfassten Programm, welches durch seine inhärenten Instruktionen die Programm- bzw. Prozessschritte aufeinander bezieht).

Wenn man noch weiter ins Detail geht, von der zellulären auf die atomare und subatomare Ebene, bleiben nur Beziehungen von Informationen, keine vermeintlichen »Objekte« mehr übrig. Auch die makroskopischen »Objekte«, die Hunde, Bäume, Organismen und Organe sind ja »nur« geistige Information, die komplexe Beziehungsmuster durchläuft.

Im Doppelspaltversuch schafft die Beziehung zwischen Messgerät am Spalt (Bit-Information) und zukünftiger Qubit-Information (das von der Wirklichkeit isolierte »Teilchen«) Wirklichkeit aus Wahrscheinlichkeit. Findet keine Beziehung am Spalt statt, bleibt es dort bei der unwirklichen, zukünftigen Wahrscheinlichkeit und die Beziehung zur Wirklichkeit, d.h. die Gegenwart von Bit-Information, erfolgt weiter hinten am Detektor.

Gegenwart entsteht durch Beziehung von Qubit- zu Bit-Information. Daraus ergibt sich die Wirklichkeit. Die geistige Beziehungsstruktur (Zukunft) ist die Schöpferin der Wirklichkeit, in ihr erfolgt der Datenfluss, einer Kettenreaktion vergleichbar. Jede Gegenwart ermöglicht *einen* Bit-Informationstransfer, der *einem* Energieübergang (*Quantensprung*) entspricht.

Was also einzig und fundamental *existiert*, ist kohärente Information, d.h. *Geist*. Was wir als *wirklich* wahrnehmen (bis hin zu den kleinsten »Teilchen«), ist ein flüchtiger, raumzeitlicher Ausdruck, ein Schatten dieses Geistes. Das platonische Gleichnis von den Höhlenbewohnern, die nur Schatten der wahren Welt wahrnehmen können, ist zeitlos aktuell.

15. Schein und Sein

Wer sagt, dass Gott existiert, macht einen Fehler.
Außer er meint damit, dass NUR Gott existiert.
(Hans-Peter Dürr)

Der Gedanke, dass Schöpfung und Schöpfer *eins* sind, unteilbar verbunden zum einzigen *Sein*, welches durch das diesseitige dualistische Denken nicht im Ganzen erfasst werden kann, taucht in Philosophie und Theologie immer wieder auf. Der Begriff des *Seins* wurde von *Parmenides* um 500 v. Chr. eingeführt. Es ist nach seiner Lehre das einzig Existierende *und* das einzig Mögliche zugleich. Das Seiende *ist* und das Nichtseiende *ist nicht*. Somit ist auch nur das Seiende möglich, Nichtsein ist unmöglich. Demnach ist auch Werden und Vergehen unmöglich, da beides an Nichtsein rührt. Das Sein ist also zeitlos und unvergänglich. Es ist aber nicht starr und unproduktiv, sondern enthält im Gegenteil als kreatives Chaos alle Möglichkeiten der Veränderung auf einmal. Veränderung verändert hierbei nicht die Eigenschaften des Veränderten, sondern ihre Darstellung, die es bei Wegfall von subjektiven Erkenntnisbedingungen nicht mehr gibt.

Die wahrnehmbaren Veränderungen des Seienden entstehen durch den kognitiven Prozess. Wer sie »*für wahr nimmt*«, unterliegt der »doxa« (Meinung der Menschen mit ihrem dualistischen Alltagsverstand). »Denn so wie zu jeder Zeit (einer) hat die Mischung der vielirrenden Körperglieder, so auch wird das Erkennen den Menschen zuteil.« *(Parmenides).*

Damit stellt *Parmenides* dem unteilbaren und unveränderlichen Sein (der *Wahrheit, aletheia*) deren *Schein* gegenüber: die Er*schein*ung des Seins, wie es der Mensch mit seinen Sinnen *wahrnimmt*, wie es auf ihn *wirkt*: die *Wirk*lichkeit. Zwischen beiden gibt es aber keine Teilung, es existiert ja ausschließlich das Sein. Der Schein der Wirklichkeit ist nur die Selbstbespiegelung des Seins durch seine *eigene* Wahrnehmung. Ohne Sinnesorgane gibt es keine Wirklichkeit, sondern nur Wahrheit.

Da die unbelebte Natur, die nicht kognitiv befähigt ist, im »ewigen Nu« zeitlos existiert, als rein geistige Information (vgl. das Mond- und das Fischgleichnis), ist sie die möglichste Möglichkeit der Zukunft und *zugleich die Möglichkeit, als Wirklichkeit wahrgenommen zu werden.* Sie ist *keine* Wirklichkeit. Natur und Schöpfer sind damit eins. Sie sind die *aletheia* des *Parmenides.*

Die Nichtdualität der Wahrheit, deren Unteilbarkeit, findet sich auch in der altindischen Philosophie: im *Advaita*, dem Ungeteiltsein, der Unzweiheit des Seins. Theologisch folgt aus der Nichtdualität ein pantheistisches Verständnis der Schöpfung, denn das wahrgenommene Diesseits und dessen nicht wahrnehmbarer Schöpfergeist sind in Wahrheit eins. Sie müssen eins sein, da nur *ein Ganzes* existiert.

Giordano Bruno, der im Februar 1600 von der römischen Inquisition als Ketzer auf dem Scheiterhaufen hingerichtet wurde, verband die These, dass Gott allem in der Natur innewohne, mit dem Glauben, dass die Realität nur der Vorstellung entspringe. Er beeinflusste damit später u. a. die Philosophie von *Spinoza* und von *Leibniz*. Daneben stellte er auch die gleichermaßen verbotene These auf, dass die Sterne am Himmel in Wahrheit unzählige Sonnen seien.

Seine Vorstellung von Gott entspricht somit nicht einem (Mono-)Theismus, sondern einem Pantheismus, nämlich der Einheit von Schöpfung und Schöpfer. Wenn man die Bibel wie er nicht wörtlich nimmt, sondern als eine erstaunliche Sammlung von *Gleichnissen* für das Göttliche und die irdischen Verpflichtungen des Menschen, dann lassen sich auch dort neben dem Johannes-Evangelium (»*Am Anfang war das Wort und das Wort war bei Gott und Gott war das Wort.«*) Hinweise auf eine *Einheit von Gott, Geist und Natur* finden: das mysteriöse Modell der Dreifaltigkeit etwa, welches einen Bruch mit dem dualistischen Denken bedeutet. In der Dreifaltigkeit sind Geist (das *Wort*), Gott und Mensch eine unteilbare Einheit.

Man kann auch Jesus als »Menschensohn Gottes« nicht nur individualisiert und personifiziert verstehen, sondern als Gleichnis für *den* Menschen, der Jesus nachfolgen sollte, wenn er mit dem Geist in Verbindung bleiben will.

»*Was ihr dem geringsten meiner Brüder tut, das habt ihr mir getan ...*«, damit ist die Personalunion von Jesus mit der ganzen Menschheit gemeint. Wir alle sind Gott und an der Schöpfung mit beteiligt. Einen anthropomorphen, *gnädigen* Gott*vater* oder einen für uns gestorbenen individuellen Jesus, der allen anderen die Eigenverantwortung für ihr Handeln im Diesseits abnimmt, sollten wir vielleicht nicht ohne weiteres aus der Bibel ableiten.

Die Aporie der Quantentheorie, dass sie gleich der Bibel einer »Deutung« bedarf (z.B. der *Kopenhagener Deutung* von 1927 durch *Heisenberg* und *Bohr*), dass sie also dem rationalen, dem dekohärenten Verstand nicht mehr *direkt* zugänglich ist, ist zugleich das offene Tor für ihre metaphysische bzw. ontologische Interpretation.

Wissenschaft ist seitdem nicht mehr eindeutig, sie muss gedeutet, interpretiert werden. Sie kann wie Religion nur mehr in *Gleichnissen* und *Metaphern* vermittelt werden. Religion und Wissenschaft, Glaube und Vernunft, Metaphysik und Physik nähern sich damit nach 500 Jahren wieder einander an, sie konvergieren zum komplementären Ganzen. Man sollte alle gleichermaßen als Annäherung an eine Wahrheit verstehen, die sich nicht ausdrücken lässt.

16. Der Mensch als geistiges, bewusstes und soziales Wesen

Es lebe die Freiheit!
(Hans Scholl bei seiner Hinrichtung 1943)

Dekohärenz ist im Mikrokosmos mit *Entscheidung* oder Ordnung gleichzusetzen: Dekohärenz entscheidet und ordnet das kohärente Unentschiedene. Sie trifft per Zufall, Wahrscheinlichkeit und inhärenter Teleologie eine Auswahl zwischen den vielen Möglichkeiten der Qubit-Information. Aus dieser Auswahl entsteht die Wirklichkeit als eindeutige Bit-Information.

Lebendige, kognitive Prozesse bestehen einerseits aus Bit-Information, andererseits können sie Bit-Information beantworten, denn Leben, Wahrnehmung und Bewusstsein sind Formen der Reiz-, d.h. Informations*beantwortung*.

Die vom Menschen zu treffenden Entscheidungen sind vor dem Hintergrund des Indeterminismus der sich selbst erschaffenden Natur ausschließlich durch sein intentionales Bewusstsein selbst zu bestimmen. Es gibt kein unabänderliches Schicksal, der Mensch kann die Schöpfung bewusst und frei beeinflussen. Er wird dazu sogar gezwungen, denn er muss laufend Antworten geben und Entscheidungen treffen, das erfordert schon die soziale Einbindung in das Kollektiv von Individuen mit kollidierenden Einzelinteressen.

Er kann seine Entscheidungen aber auch nicht im Hinblick auf eine zu erwartende Regulierung durch transzendente Kräfte (durch Himmel oder Hölle, Wiedergeburt, jüngstes Gericht oder Paradies) treffen, wie es Religionen verkünden. Es wird ihm weder Gnade noch Strafe nach seinem diesseitigen Tode zuteil.

Die Kohärenz, der er vor und nach dem Tode angehört, ist kein Paradies für Individuen. Individualität ist ein dekohärenter Wahrnehmungseffekt. In der Kohärenz (in Wahrheit) existiert keine Individualität. Um das bestmögliche Paradies für Individuen muss im Diesseits der Gegenwart gerungen werden, wenn das Diesseits nicht zur Hölle werden soll.

Als *Sophie Scholl* im Februar 1943 in der Todeszelle des Gefängnisses an der Stadelheimer Straße von ihrer Mutter besucht wird, die über das grausame Urteil verzweifelt, sagt die 22-jährige Sophie: »Ach Mutter, die paar Jährchen.«

Sie stellt damit ihr Leben hinter ihre *Entscheidung* zurück, ihrem *eigenen Urteil* als sozial empfindender (und christlich gläubiger) Mensch zu folgen.

Es gibt – unabhängig von den politischen Umständen – eine Ahnung des Einzelnen (wenngleich nicht jeder bereit ist oder den Opfermut aufbringt, dieser Ahnung zu folgen), dass er erst dann er selbst und wirklich frei ist, wenn er sich als soziales Wesen begreift und danach handelt. Der Mensch ist immer Mensch in Bezug auf »die Anderen«, die für ihn durchaus zur Hölle werden können (vgl. *Sartre*).

Was dann letztlich die richtige oder falsche bewusste Entscheidung ist, lässt sich nicht von irgendeiner sicheren Wahrheit ableiten, denn sichere Wahrheiten gibt es nicht in der dekohärenten Wirklichkeit. Die einzige Wahrheit ist ja paradoxerweise die unentschiedene, kreative Zukunft. Die Richtigkeit einer altruistischen Entscheidung ist nie exakt beweisbar, aber doch mitteilbar, denn sie beruht auf dem *Gemeinsinn des Einzelnen.*

In totalitären Gesellschaftssystemen werden Individuen gleichgeschaltet und gezwungen, sich als politisch und moralisch eigenständig urteilende Instanzen aufzugeben. Sich unter diesen oder ähnlichen suppressiven Umständen dennoch für den Gemeinsinn zu entscheiden und in *diesem* Sinne Widerstand gegen Machtstrukturen zu leisten, auch als ziviler Ungehorsam, erfordert größten Mut und kann zugleich als die höchste geistige Freiheit angesehen werden.

Man kann so weit gehen, darin retrospektiv die Teleologie der dekohärenten, evolutionären Ordnung des kreativen Chaos zu sehen (das sich bis hin zu bewussten Prozessen differenziert), dass dieser fortwährende dekohärente Entscheidungsprozess, der auch zahlreiche destruktive Entscheidungen ermöglicht, schließlich auch zu höchst konstruktiven bewussten Entscheidungen fähig ist.

Die Welt ist immer die »beste« aller in einer Gegenwart *möglichen* Welten (vgl. *Leibniz*), da sie *immer die wahrscheinlichste* aller möglichen Welten ist, von bewussten Aktionen abgesehen, die *nur dem Menschen möglich* sind. Gott gibt in jedem Augenblick sein Bestes, gemäß seinem eigenen probabilistischen »Naturgesetz«.

Mehr kann von Gott nicht erwartet werden. Der »Erlöser« erlöst uns nicht aus dem dekohärenten Dilemma der Entscheidung zwischen Gut und Böse und sagt nicht: »Ich trage Euer Kreuz«, sondern: »Ein jeder nehme sein Kreuz auf sich und folge mir nach«. Wir müssen uns also selbst erlösen, er gibt nur das Beispiel vor. Wir sind wie Jesus »Kinder Gottes«. Die

Geschwister Scholl und die Mitglieder der Weißen Rose, auch Georg Elser und die anderen ermordeten Widerstandskämpfer mussten daher, weil sie konsequent ihrem eigenen Gemeinsinn folgen wollten, selbst zu Gekreuzigten werden.

Sie folgten dem Weg, der Schaden von anderen Lebewesen abwenden will. Das Gute ist immer das, was für möglichst wenige Wesen Schaden bedeutet. Alle »Individuen« sind in Wahrheit *eins* und wenn ein Individuum ein anderes schädigt, oder nichts gegen seine Schädigung zu unternehmen versucht, dann schädigt es in Wahrheit sich selbst.

Da Gott, die Wirklichkeit und die Zukunft »dreifaltig« *ein und dasselbe* und alle drei *weder gut noch böse* sind, bleibt die *bewusste* Entscheidung immer dem Menschen vorbehalten. Wenn der Mensch nicht entscheidet, regieren die Würfelchen der Kohärenz. Aus deren inhärenter, unbewusster Teleologie (vgl. *Schopenhauers* blinden Willen) resultieren die erhaben schöne, aber moralisch grausam indifferente Natur *und* der Mensch, der beide *contraria* in sich fühlt und miteinander vereinbaren muss: Kohärenz und Dekohärenz, soziale und individuelle Existenz, Gemeinsinn und das Streben nach persönlichem Glück.

Aus unserem Verlagsprogramm:

Der Freigeist I-VI,
Hannes Schumacher

Paperback, 172 Seiten
17cm x 11cm
ISBN: 978-3-9816351-4-0

Freigeist Verlag, Berlin
Philosophie und Kunst

www.freigeist-verlag.net

f

Ausgehend vom philosophischen Selbstmord des 19. Jahrhunderts und vom politischen Massenmord des 20. Jahrhunderts steht der postmoderne Mensch am Scheideweg, auf der Suche nach sich selbst. Entweder er kehrt zur Religion zurück oder er verneint sie vollständig, allerdings auf Kosten der Kunst und Philosophie.

Im Grunde weiß er aber, dass ihn keiner dieser Wege an einen Ort führt, an dem er sein will: Er will *frei* sein. Und weil er nur noch vor die Wahl zwischen Club oder Kloster gestellt wird, kann er nicht anders, als sich seinen eigenen Weg zu bahnen, durch die Friss-oder-stirb-Dualismen seiner selbstverschuldeten Sinnlosigkeit.

Aus unserem Verlagsprogramm:

Philosophie als Kunst / Philosophy as Art

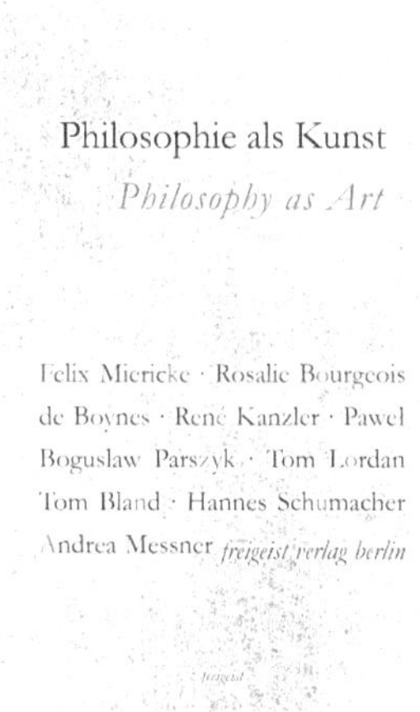

Hardcover, 240 Seiten

21,5cm x 13,5cm

ISBN: 978-3-9816351-8-8

Freigeist Verlag, Berlin

Philosophie und Kunst

www.freigeist-verlag.net

Rosalie Bourgeois de Boynes: χαλεπὰ τὰ καλά

Paweł Bogusław Parszyk: *Symbolphilosophie. Objektivation als eine Grundlage für die Kunst*

Felix Miericke: *Philosophie als Dichtung*

René Kanzler: *De Arte Uitae Senecae*

Andrea Messner: *Experimentieren mit Flüssigkeit. Zur Bedeutung der Deutung in ›Die Verklärung des Gewöhnlichen‹ – Überlegungen mit Arthur C. Danto*

Tom Lordan: *Intuitions toward a Future Theory of Aesthetics*

Tom Bland: *Reckless Abandon & Seven*

Hannes Schumacher: *Philosophie als Kunst. Entwürfe zu einer Philosophie der Zukunft*